高等学校教材

建筑工程制图习题集

莫章金　主　编
毛家华　　副主编
郑海兰　肖庆年　蔡　樱　编
熊安新　黄声武　吴书霞

中国建筑工业出版社

图书在版编目(CIP)数据

建筑工程制图习题集/莫章金主编. —北京:中国建筑工业出版社,2004(2021.6重印)
高等学校教材
ISBN 978-7-112-06660-5

Ⅰ.建… Ⅱ.莫… Ⅲ.建筑工程—建筑制图—高等学校—习题 Ⅳ.TU204-44

中国版本图书馆 CIP 数据核字(2004)第 057584 号

本习题集是高等学校教材《建筑工程制图》的配套书,内容分为工程图学基础、专业图样绘制与阅读、计算机绘图三大部分,并附一套典型实例施工图。为便于教学,习题集的编排顺序与配套教材一致。

本习题集可供高等学校本科土建类各专业使用,亦可供其他类型学校,如高等职业技术学院、成教学院、职工大学、函授大学、电视大学等相关专业的本、专科学生选用。

责任编辑:齐庆梅
责任设计:孙 梅
责任校对:王 莉

高 等 学 校 教 材
建筑工程制图习题集
莫章金 主 编
毛家华 副主编
郑海兰 肖庆年 蔡 樱
熊安新 黄声武 吴书霞 编

*

中国建筑工业出版社出版、发行(北京西郊百万庄)
各地新华书店、建筑书店经销
北京圣夫亚美印刷有限公司印刷

*

开本:787×1092 毫米 横 1/8 印张:30¼ 字数:400 千字
2004 年 8 月第一版 2021 年 6 月第十五次印刷
定价:47.00 元
ISBN 978-7-112-06660-5
(20778)

版权所有 翻印必究
如有印装质量问题,可寄本社退换
(邮政编码 100037)

前　言

本习题集是高等学校教材《建筑工程制图》的配套书,是根据新的《本科工程图学课程教学基本要求》,为适应土建类本科各专业的需要而编写的。主要内容包括制图基本知识与技能、画法几何(即点、线、面、多面体、曲面立体、轴测图)、组合体的投影图、工程形体的表达方法、专业图(即建筑施工图、结构施工图、透视图、标高投影图、路桥施工图、给水排水施工图、电气施工图、展开图)和计算机绘图(即 AutoCAD 基础、天正建筑软件绘图)等,并附一套典型实例施工图(即多层办公楼施工图),供教学和训练使用。

为便于教学,本习题集的编写顺序与配套教材一致,习题集中的知识点与配套教材紧密结合,选题力求具有针对性和实用性,尽量结合工程实际。各章节的训练以基本题为主,难度适中,重点章节适当增加题目数量和难度,一般章节的题目数量也有一定的选择余地,以满足不同学时数的专业教学和不同程度的学生训练的需要。本书采用最新国家制图标准,作业题目的设计编排有利于学生绘图技能和识图能力的培养。

本书由重庆大学莫章金主编、毛家华副主编。参加编写的人员及分工是:郑海兰编写第1、7章,肖庆年编写第2、15章,蔡樱编写第3、4章,莫章金编写第5、8、14、17、18章,毛家华编写第6、9、10章,熊安新编写第11章,黄声武编写第12、13章,吴书霞编写第16章。

由于水平有限,欠妥和错误之处,恳请读者批评指正。

目 录

1. 制图基础 …………………………………… 1
2. 投影基础 …………………………………… 7
3. 平面立体 …………………………………… 17
4. 曲面立体 …………………………………… 23
5. 轴测投影图 ………………………………… 32
6. 组合体的投影 ……………………………… 36
7. 建筑形体的表达方法 ……………………… 44
8. 房屋建筑施工图 …………………………… 48
9. 结构施工图 ………………………………… 54
10. 建筑透视 ………………………………… 56
11. 室内装饰工程图 …………………………… 65
12. 建筑给水排水工程图 ……………………… 72
13. 电气工程图 ………………………………… 74
14. 展开图 ……………………………………… 77
15. 标高投影 …………………………………… 79
16. 道路、桥隧与涵洞工程图 ………………… 82
17. 计算机绘图—AutoCAD 基础 …………… 85
18. 天正建筑软件绘图基础 …………………… 91
附录　某办公楼建筑施工图和结构施工图 …… 96

| 1. 制图基础 | 专业班级 | | 姓名 | | 学号 | | 日期 | | 成绩 | |

1.2 图线练习

(1) 依照上面的图线过各等分点画相同图线的平行线。

(2) 依照左边的图线过各等分点画相同图线的平行线。

(3) 完成图形中左右对称的各种图线。

1. 制图基础

| 专业班级 | 姓名 | 学号 | 日期 | 成绩 |

1.3 尺寸标注

在下图中按照右图所示，标注尺寸界线、尺寸线、尺寸起止符号，并注写尺寸数字。

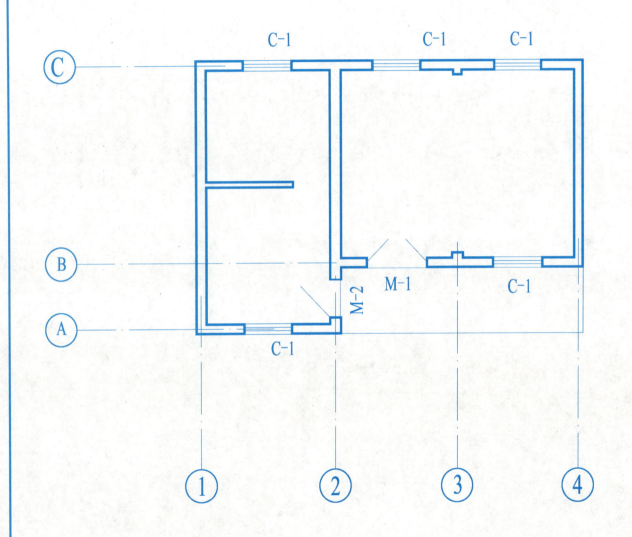

平面图 1:100

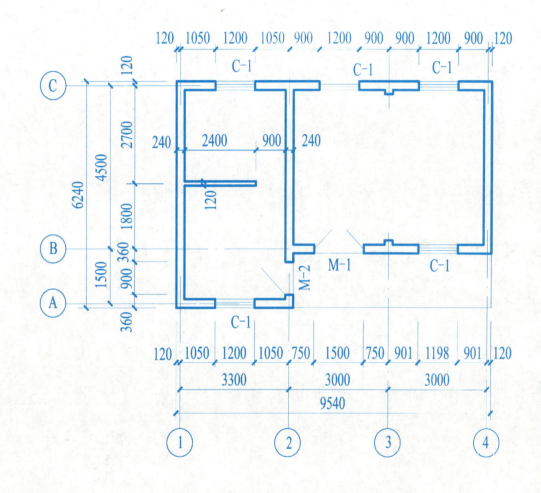

平面图 1:150

1. 制图基础

1.1 工程字练习（二）

| 专业班级 | 姓名 | 学号 | 日期 | 成绩 |

城市建设环境保护道路桥梁给排水电气造价管理专业技术班级高等学校国家强

1. 制图基础

1.1 工程字练习（一）

建筑制图工程民用房屋平立剖东南西北设计说明基础墙柱梁板楼梯框承重结构

图纸总平比例尺卫厨藏吊顶龙踢标木石落暗井斜坡厦企口管道施工审定日期泥

钢筋混凝土水灰浆玻璃马赛克门窗阳台雨篷勒脚防潮层散洞沟槽长宽厚标高形状大小体积轴线垂直前后左右中

ABCDEFFGHIJKLMNOPQRSTUVWXYZ 1234567890

ABCDEFFGHIJKLMNOPQRSTUVWXYZ 1234567890

abcdefghijklmnopqrstuvwxyz

Ⅰ Ⅱ Ⅲ Ⅳ Ⅴ Ⅵ Ⅶ Ⅷ Ⅸ Ⅹ R ∅ 1 2 3 4 5 6 7 8 9 0

1. 制图基础

| 专业班级 | 姓名 | 学号 | 日期 | 成绩 |

1.4 圆弧连接

(1) 完成下列图中的圆弧连接(比例 1∶1),并标出连接弧圆心和切点。

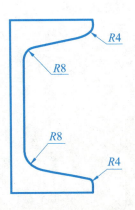

(2) 完成下列图中的圆弧连接(比例 1∶1),并标出连接弧圆心和切点。

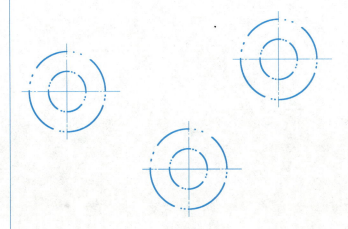

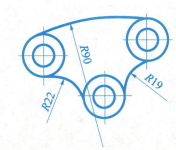

(3) 等分下列圆周,并作圆内接多边形。

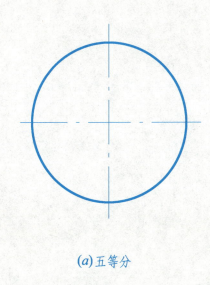
(a)五等分

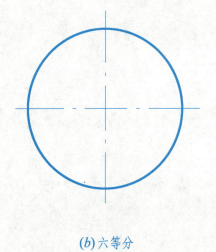
(b)六等分

1. 制图基础

1.5 综合练习

综合训练作业指导

一、目的

初步掌握建筑制图国家标准有关内容,掌握绘图仪器和工具的正确使用方法。

二、要求

(1) 用A3图纸抄画所给图形,不标注尺寸。
(2) 绘图比例:图1用1:1绘制,图2用1:50绘制。
(3) 标题栏采用教材中推荐的学生作业用标题栏。

三、作业指导

(1) 认真阅读教材"1.4 绘图的一般步骤"一节的内容。
(2) 按所给的图形尺寸及要求的绘图比例布图,确定作图的基准线。
(3) 用铅笔加深图线之前,一定要认真检查。

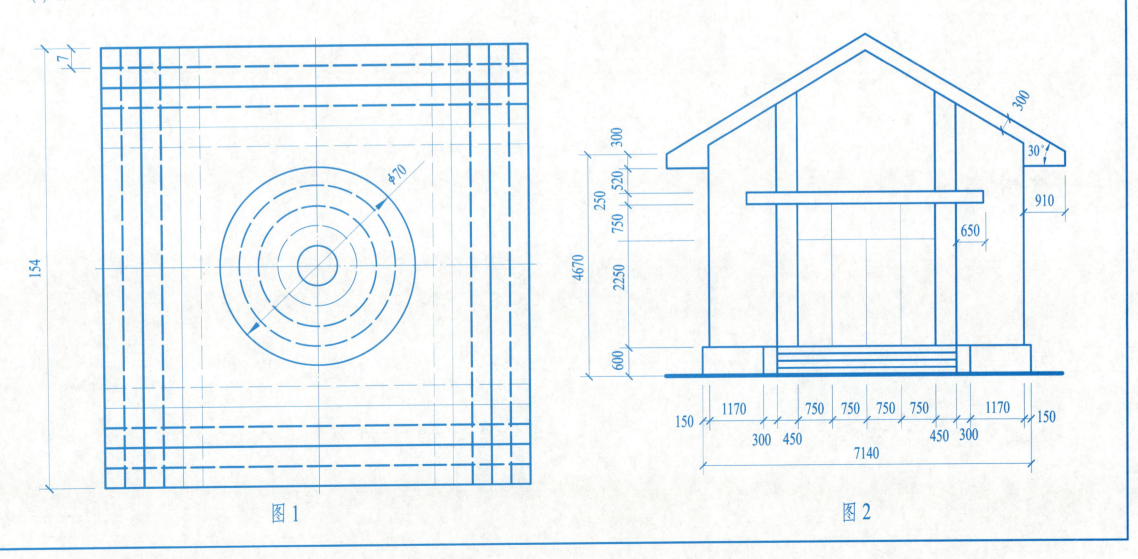

图1　　　　　　　　　　　　　　图2

2. 投影基础

2.1 三面正投影图——由三面投影图找出对应的立体图

| 2. 投影基础 | 专业班级 | 姓名 | 学号 | 日期 | 成绩 |

2.1 三面正投影图——根据立体图画三面投影图 (1:1)

(1)

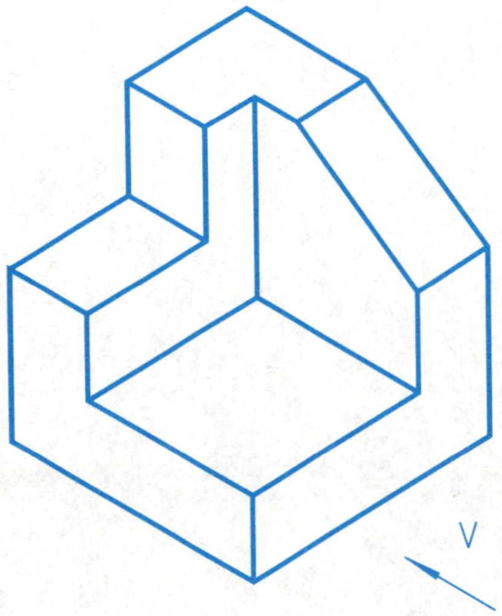

(2)

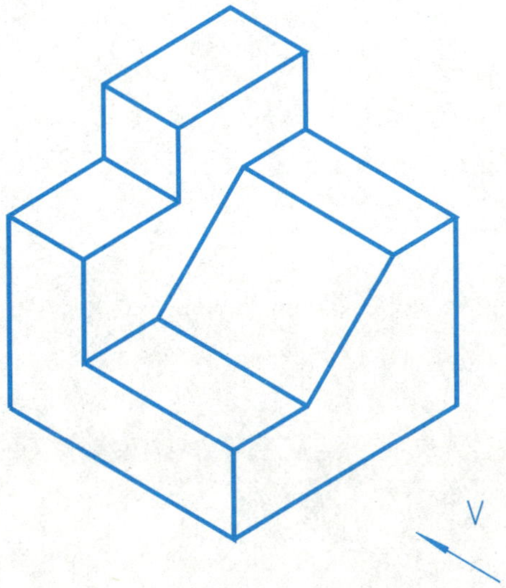

(3)

(4)

| 2. 投影基础 | 专业班级 | 姓名 | 学号 | 日期 | 成绩 |

2.2 点的投影

(1). 在投影图上标出点的第三投影。

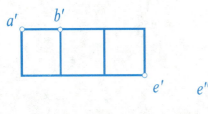
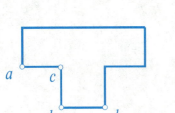

(2) 由点的二面投影，补第三投影。

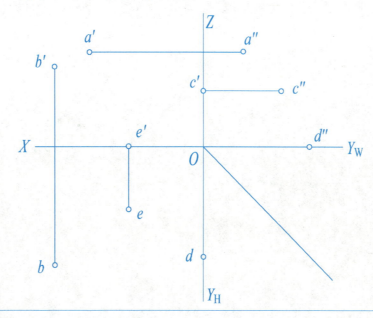

(3) 已知 A、B、C 三点的部分投影，且 $Bb'=10$，$Aa=20$，$Cc''=5$。完成各点的三面投影。

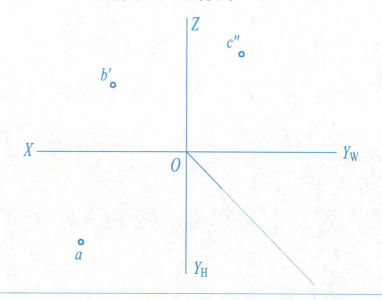

(4) 求各点的第三投影，判断重影点的可见性（不可见点加括号）。

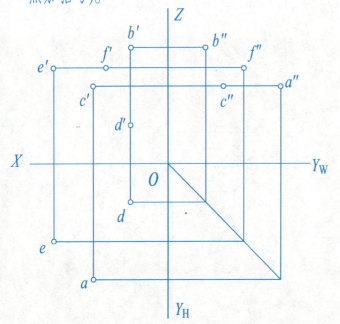

(5) 判断 A、B 两点的相对位置。

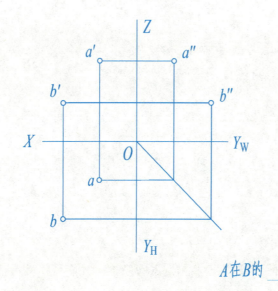

A 在 B 的 _____

(6) 已知点 A 距 V 面 25，点 B 在 A 后面 15、下面 10、右面 35。求两点的二面投影。

a'

X ——————————————— O

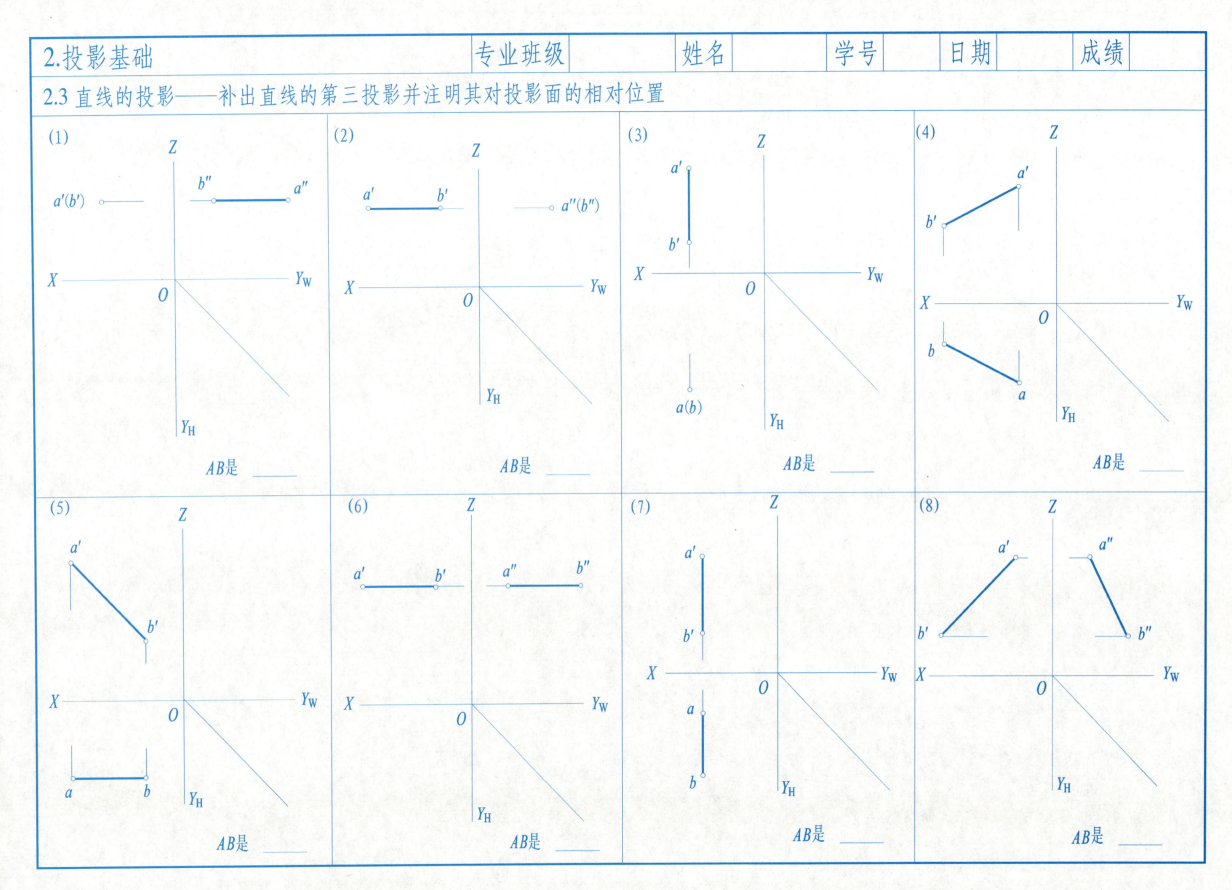

2. 投影基础

2.3 直线的投影——直线上的点、直线的实长和倾角

(1) 作图判断点 K 是否在直线 AB 上。

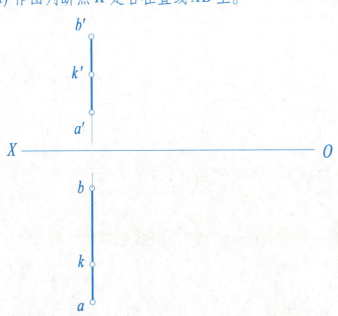

(2) 在直线 AB 上求一点 C，使 $AC:CB=2:3$。

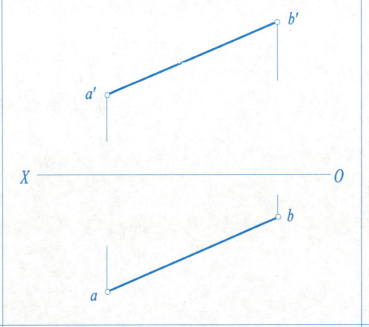

(3) 在直线 AB 上求一点 C，使 $AC:CB=1:3$。

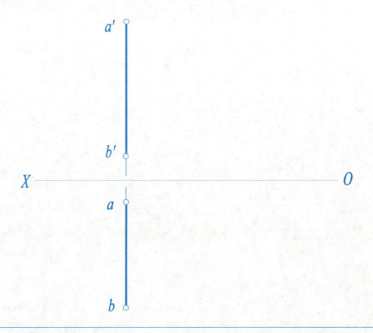

(4) 已知 AB 是侧平线，$AB=20$，$\alpha=30°$，B 在 A 的后上方。求直线的三面投影。

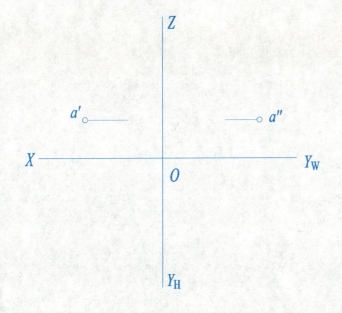

(5) 求 AB 的实长和倾角 α、β。

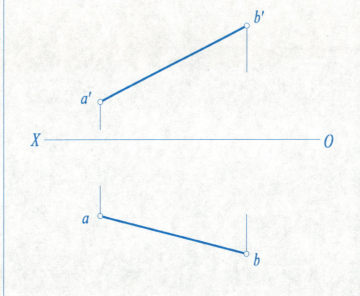

(6) 已知 $a'b'$ 及 b，$\beta=30°$，且 A 在 B 之前。求 AB 的实长及水平投影 ab。

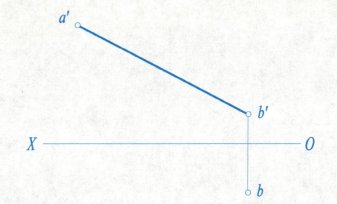

2. 投影基础

2.3 直线的投影——两直线的相对位置

(1) 判断两直线的相对位置。

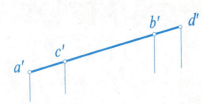
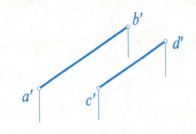
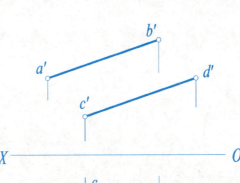
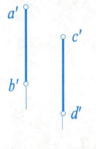

1) AB 与 CD _____
2) AB 与 CD _____
3) AB 与 CD _____
4) AB 与 CD _____

(2) 过点 K 作一直线 EF 与 AB、CD 都相交。

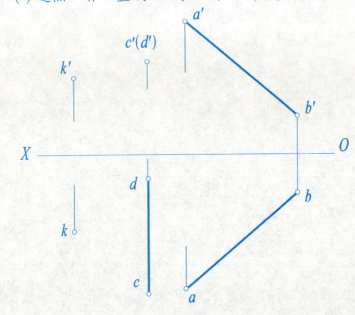

(3) 作直线 MN 与 AB 和 EF 相交且与 CD 平行。

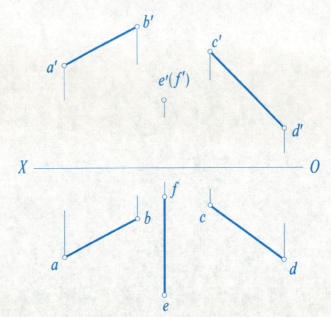

(4) 求出交叉直线的重影点并判别可见性。

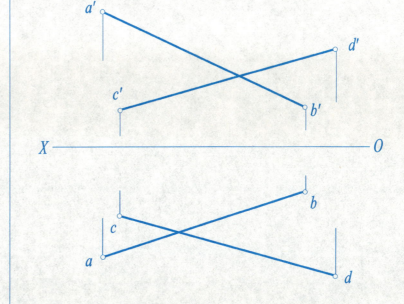

| 2. 投影基础 | 专业班级 | 姓名 | 学号 | 日期 | 成绩 |

2.3 直线的投影——直角定理

(1) 已知如图,过点 K 作正平线与 AB 垂直。

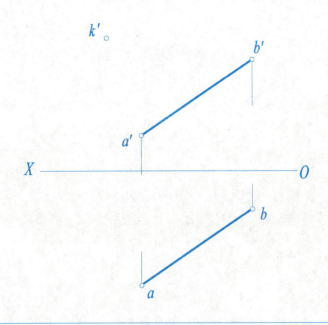

(2) 求点 C 到正平线 AB 的距离。

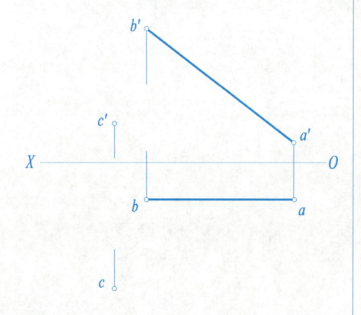

(3) 求点 C 到水平线 AB 的距离。

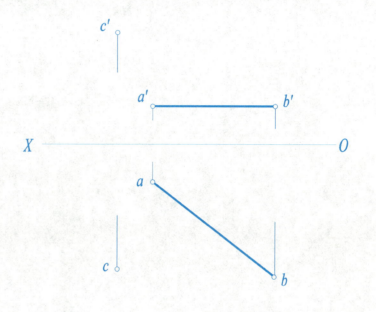

(4) 求直线 AB 与 CD 之间的距离。

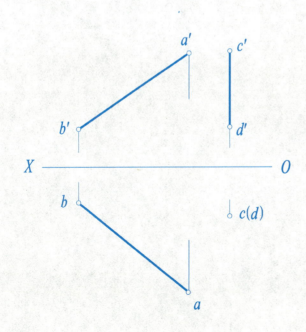

(5) 已知 AB 是正平线,AB 垂直 BC,BC=30,点 C 在 V 面上,且在点 B 之下。求 BC 的二面投影。

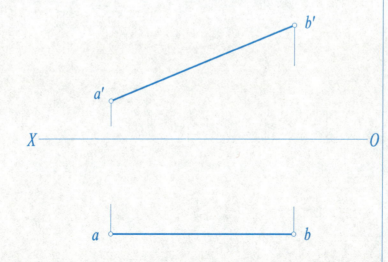

(6) 已知矩形 ABCD 的部分投影,完成矩形的二面投影。

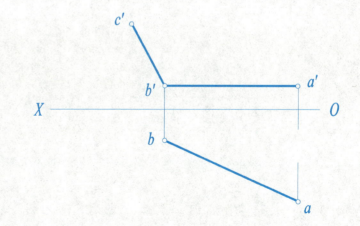

2. 投影基础

2.4 平面的投影——补出下列平面的第三投影,判断平面与投影面的相对位置

(1) 平面是 _____

(2) 平面是 _____

(3) 平面是 _____

(4) 平面是 _____

(5) 平面是 _____

(6) 平面是 _____

(7) 平面是 _____

(8) 平面是 _____

2. 投影基础

| 专业班级 | 姓名 | 学号 | 日期 | 成绩 |

2.4 平面的投影——平面上的点和直线

(1) 求平面上点的另一个投影。

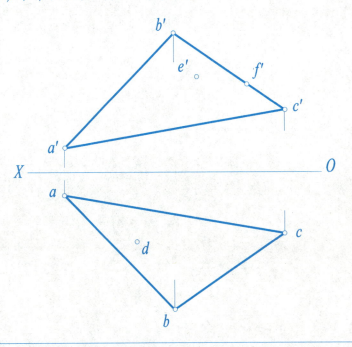

(2) 求平面 ABC 上直线 EF 的正面投影。

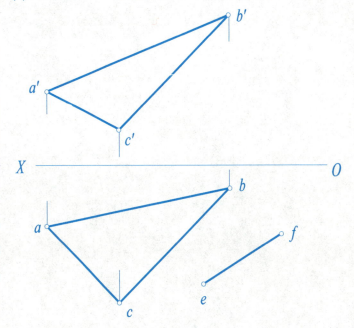

(3) 补出带缺口平面的 H 面投影。

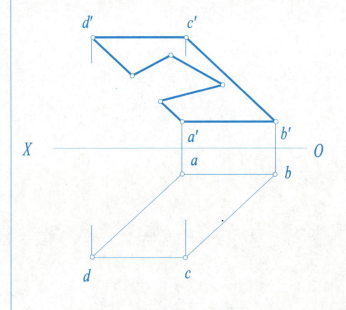

(4) 求平面 ABCD 上字母 K 的另一个投影。

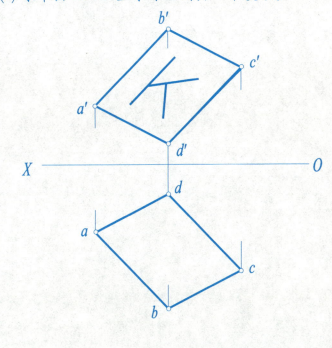

(5) 求三角形 ABC 对 V 面的倾角 β。

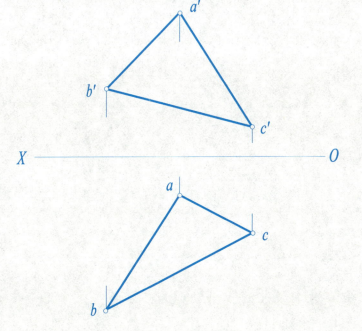

(6) 求三角形 ABC 对 H 面的倾角 α。

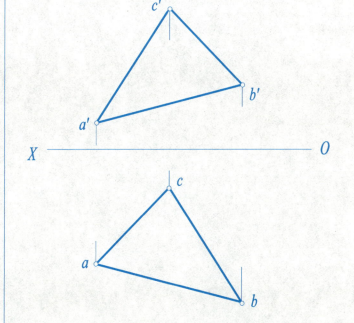

2. 投影基础

2.4 平面的投影——综合应用

(1) 在△ABC上求一点K,让K在C之前15,让K在C之下10。

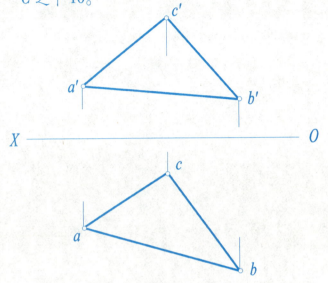

(2) 在△ABC上取一条直线,使该直线上的点到H面、V面的距离相等。

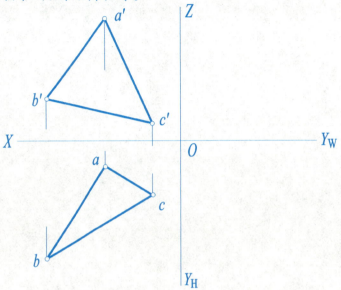

(3) 已知如图,ABCDE为五边形平面,BE是正平线。求作平面的水平投影。

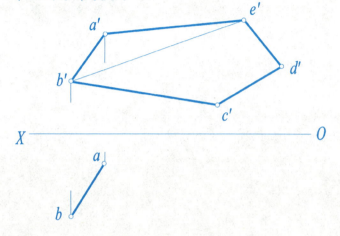

(4) 已知如图,求作对H面的倾角α=60°的等腰三角形ABC,其顶点C在V面上。

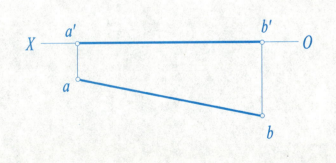

(5) 已知等边△ABC的一边BC在水平线EF上,并知点A的V、H投影。求作△ABC的二面投影。

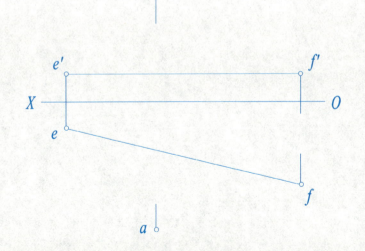

(6) AB为正平线,以AB为一边作一个正三角形ABC,使其与V面的倾角β为30°。

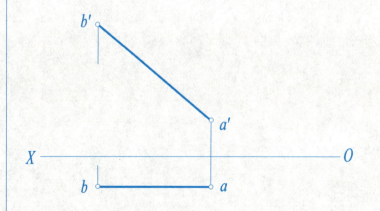

3. 平面立体

3.1 平面立体的投影

(1) 求作平面立体的 W 投影及表面上各点的投影。

1)
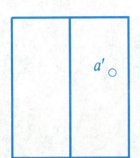

2)
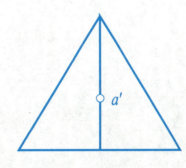

(2) 已知五棱锥的 V、W 投影,求其 H 投影。并求解表面上 A、B、C 点的另两个投影。

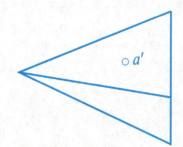 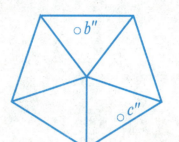

(3) 已知正三棱柱底边长 20mm,高 25mm,底边与 H 面平行,距离为 3mm,且有一棱面平行于 V 面,作三棱柱的三面投影。

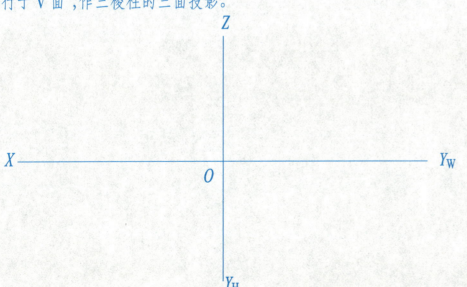

(4) 根据立体图作出三面投影图(1:1)。

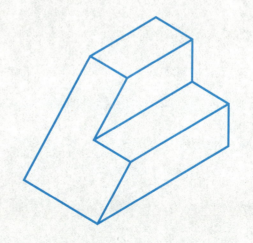

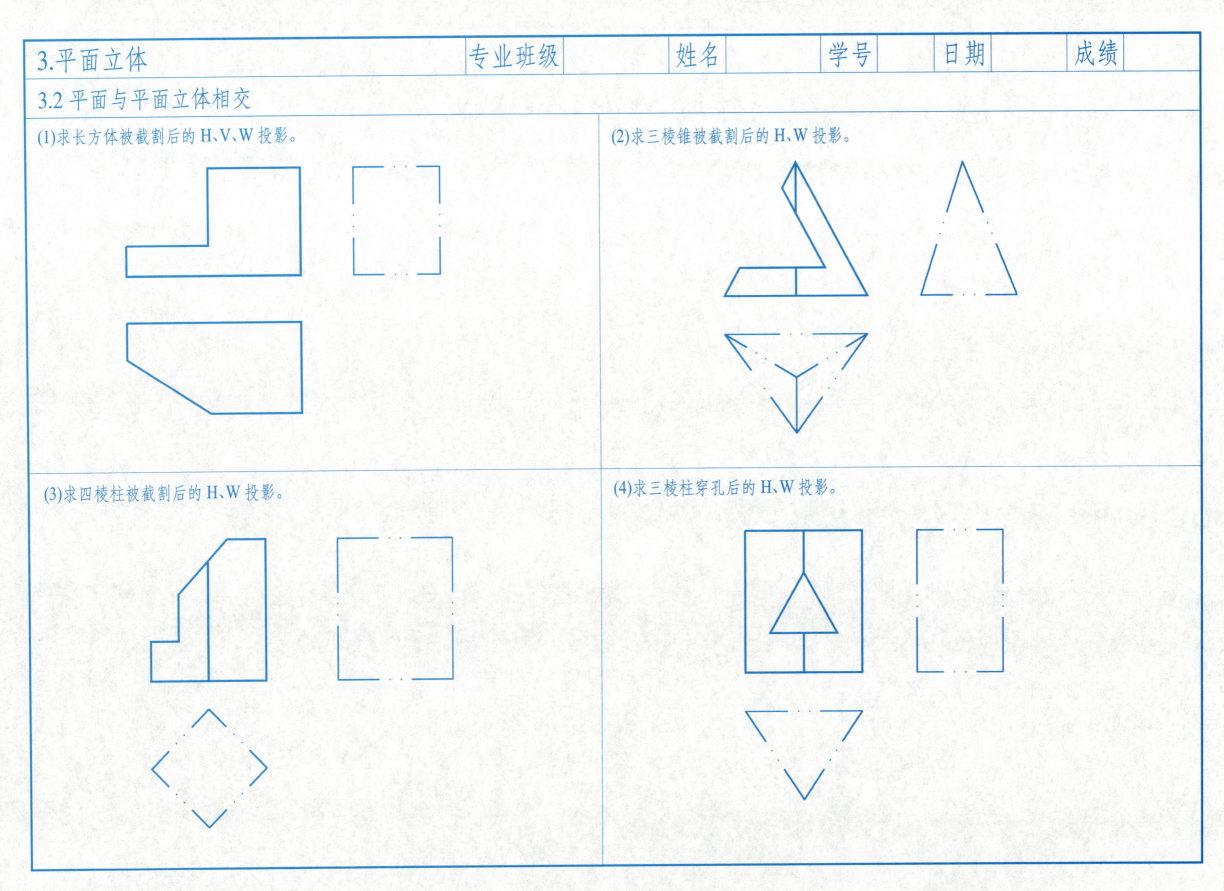

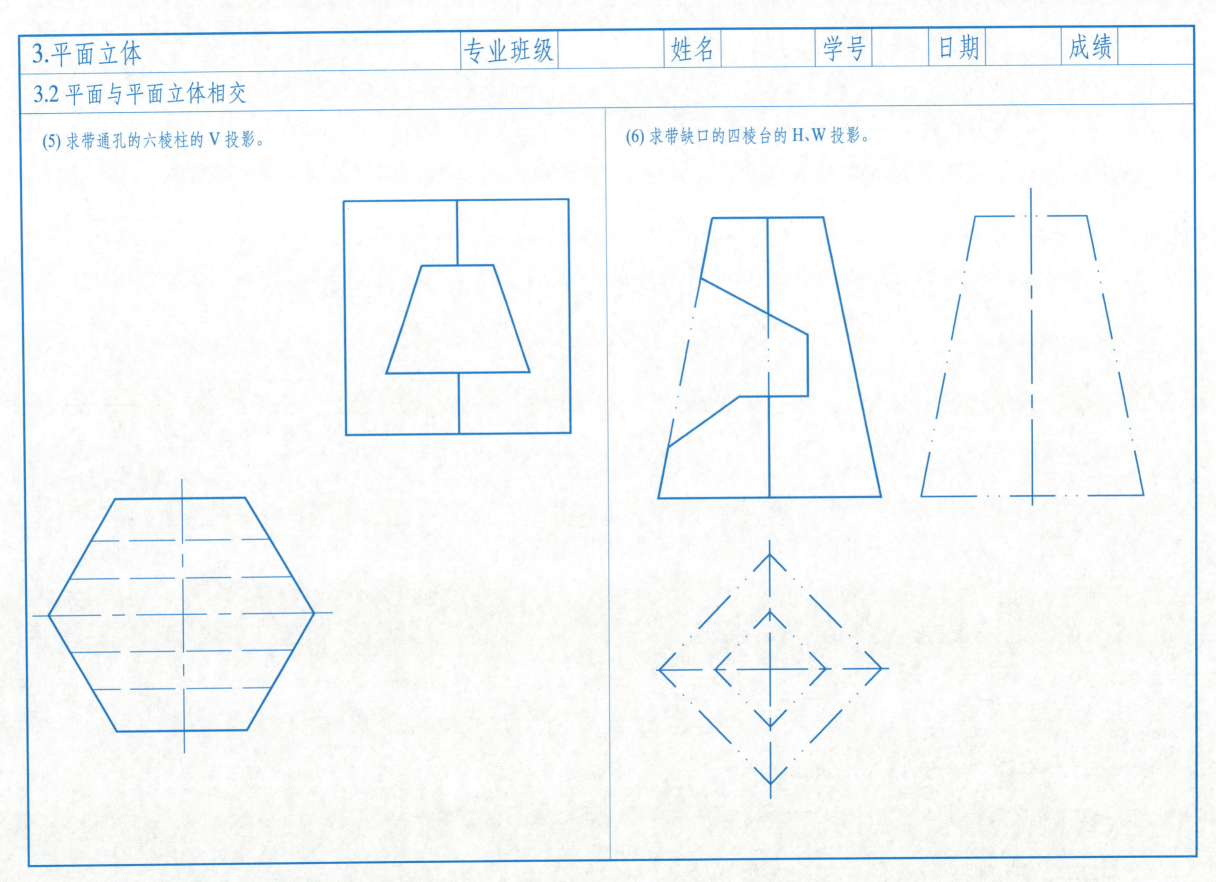

3. 平面立体

3.3 直线与平面立体相交

(1) 求直线与三棱锥的贯穿点。

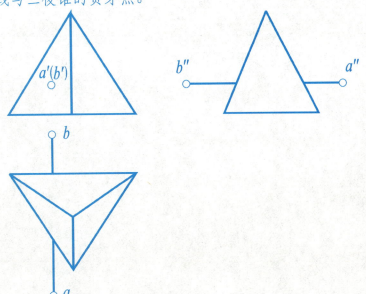

(2) 求直线与三棱柱的贯穿点。

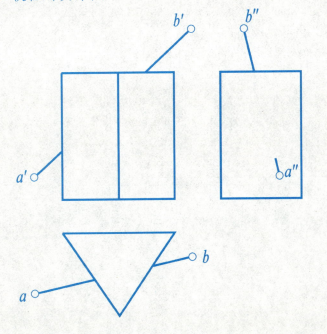

(3) 求直线与三棱锥的贯穿点。

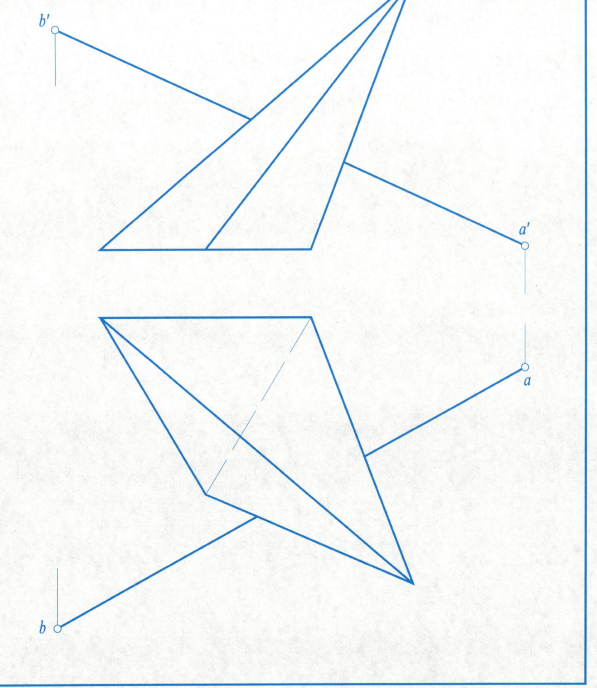

3. 平面立体	专业班级		姓名		学号		日期		成绩	

3.4 平面立体与平面立体相交

(1) 求四棱柱与四棱锥的表面交线。

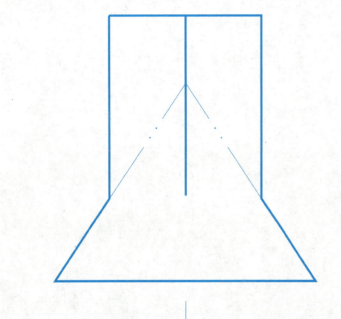

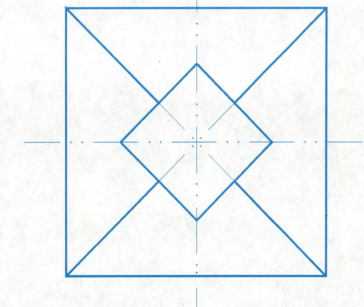

(2) 求四棱锥与三棱柱的表面交线。

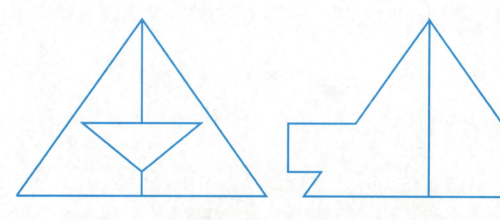

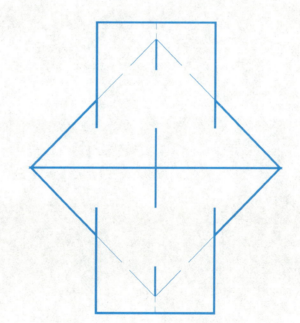

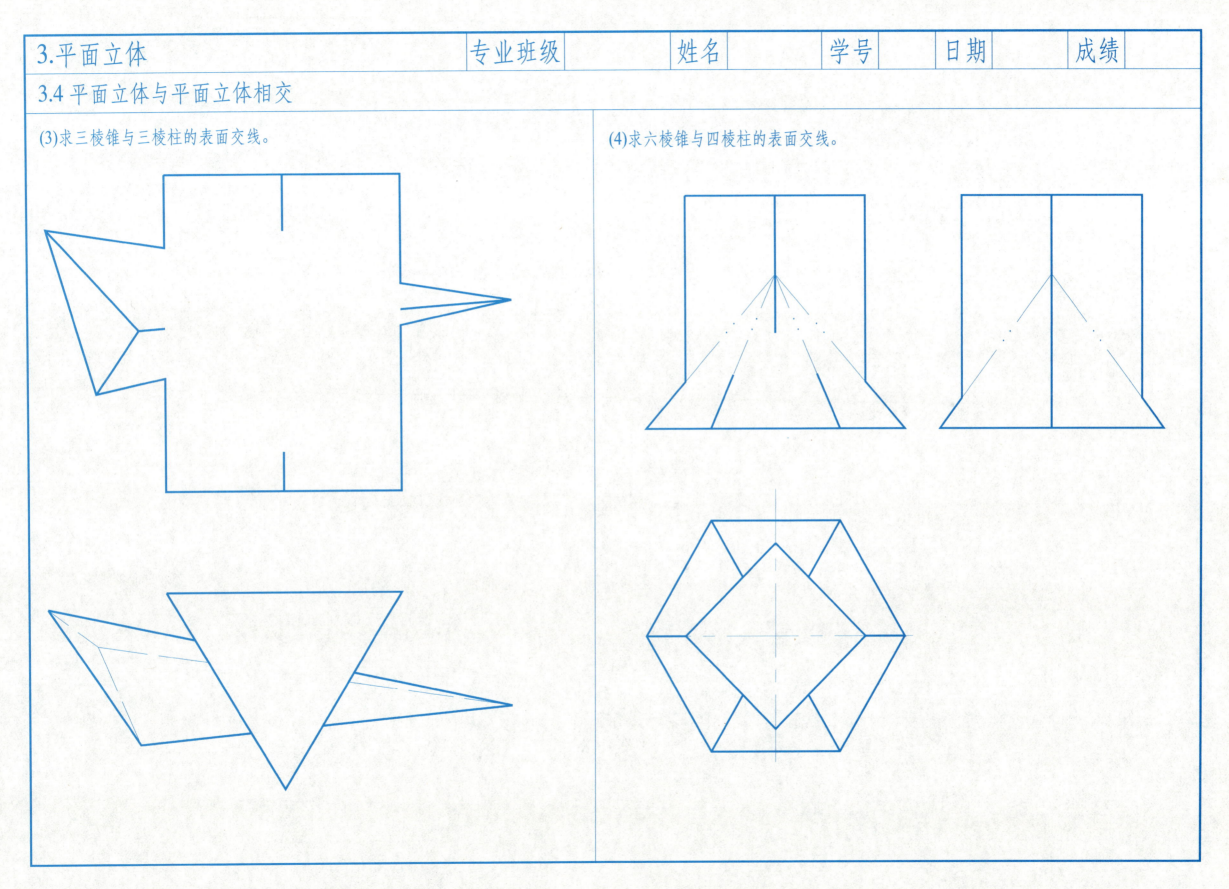

4. 曲面立体

| 专业班级 | 姓名 | 学号 | 日期 | 成绩 |

4.1 曲面立体的投影

(1) 补出圆柱的 W 投影,并求圆柱体表面上各点的投影。

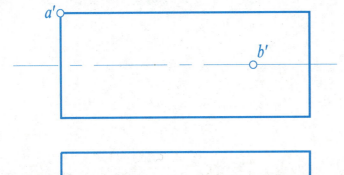

(2) 补出圆锥的 W 投影,并求出圆锥表面上各点的投影。

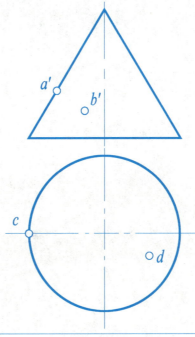

(3) 补出球体的 H 投影,并求球体表面上点和线的另两面投影。

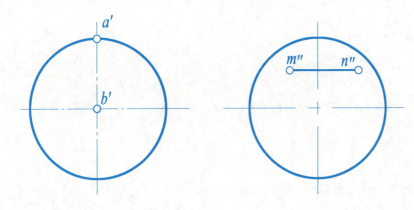

(4) 补出圆锥的 H 投影,并求圆锥表面上点和线的另两面投影。

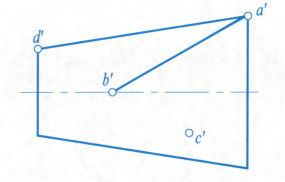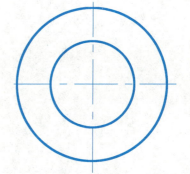

| 4. 曲面立体 | 专业班级 | 姓名 | 学号 | 日期 | 成绩 |

4.1 曲面立体的投影

(5) 完成曲面上所给曲线的三面投影。

1)

2)

3)

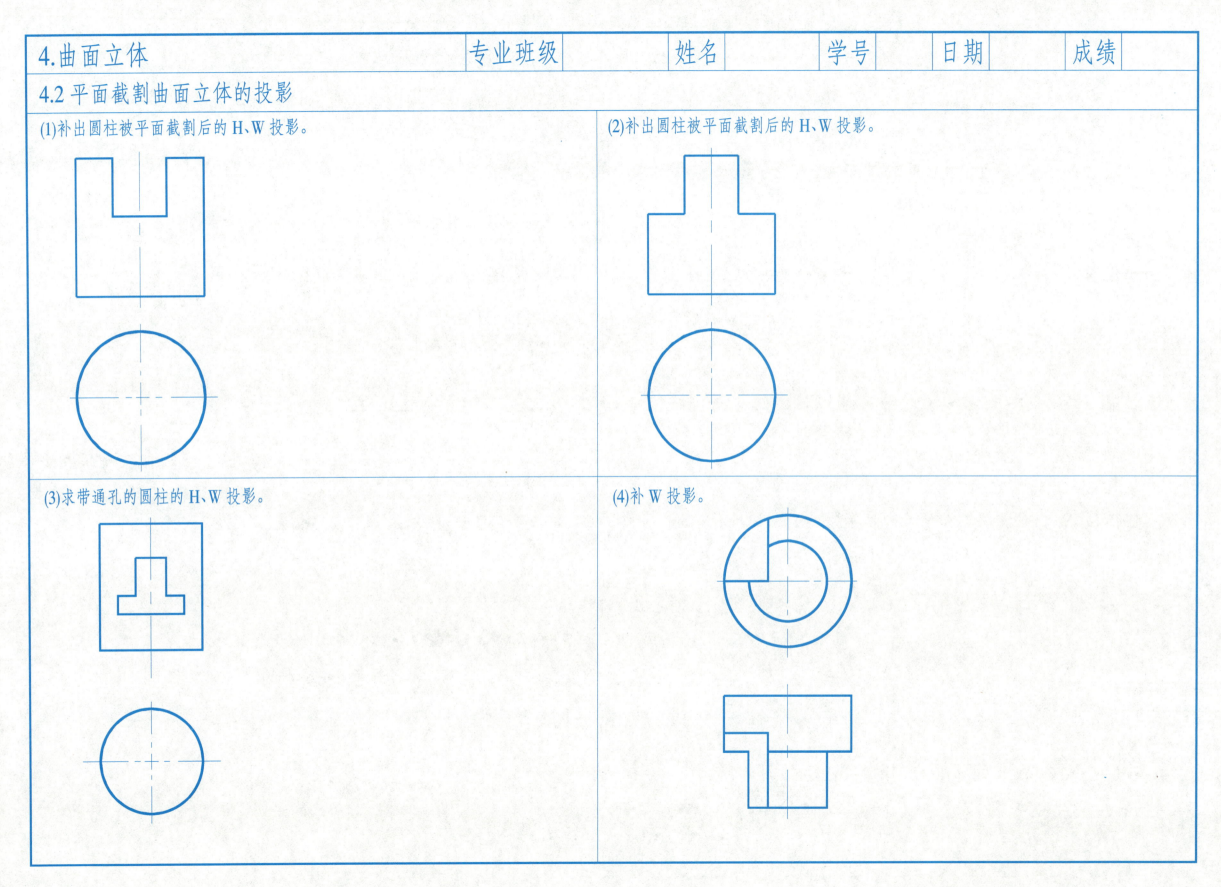

4. 曲面立体 | 专业班级 | 姓名 | 学号 | 日期 | 成绩

4.2 平面截割曲面立体的投影

(5) 补出圆柱体被平面截割后的 H、W 投影。

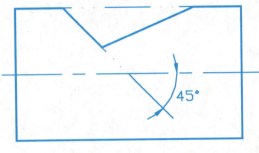

(6) 补出圆柱体被平面截割后的 H、W 投影。

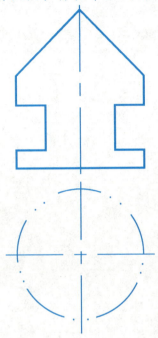

(7) 补出圆柱体被平面截割后的 H、W 投影。

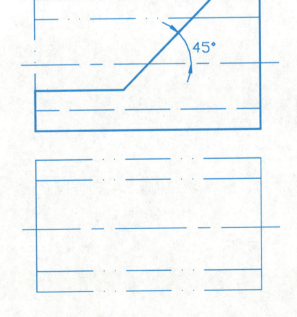
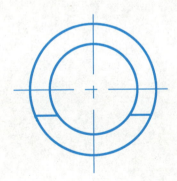

(8) 已知圆柱被平面截割后的 H、V 投影，求其 W 投影。

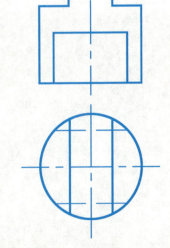

| 4. 曲面立体 | 专业班级 | | 姓名 | | 学号 | | 日期 | | 成绩 | |

4.2 平面截割曲面立体的投影

(9) 补出圆锥体被平面截割后的 H、W 投影。

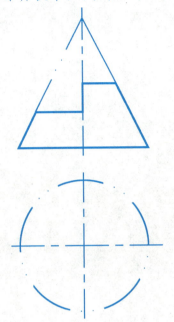

(10) 求带通孔的圆锥体的 H、W 投影。

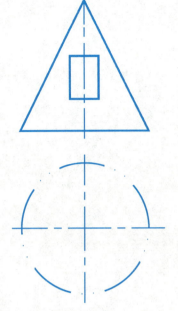

(11) 求圆锥被截割后的 H、W 投影。

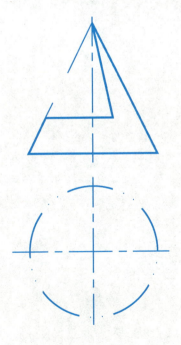

(12) 求圆锥体被截割后的 H、W 投影。

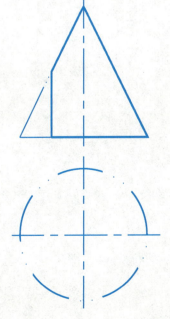

4. 曲面立体

| 专业班级 | 姓名 | 学号 | 日期 | 成绩 |

4.2 平面截割曲面立体的投影

(13) 求带缺口的半球体的 H、W 投影。

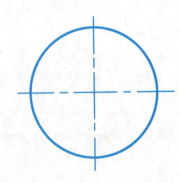

(14) 求带通孔的球体的 H、W 投影。

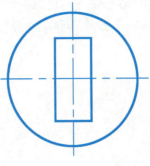

(15) 求球体被平面截割后的 H、W 投影。

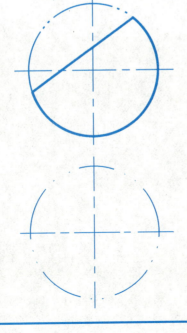
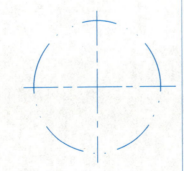

(16) 求半球体被平面截割后的 H、W 投影。

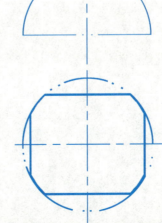

4. 曲面立体

4.3 直线与曲面立体相交

(1) 求直线与圆柱的贯穿点。

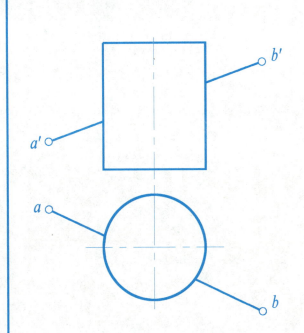
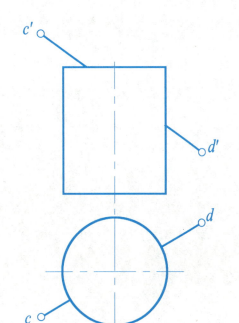

(2) 求直线与圆锥的贯穿点。

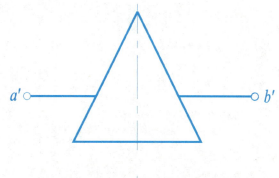
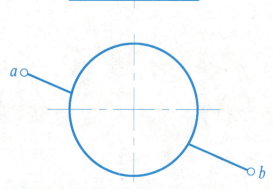
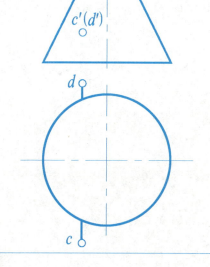

(3) 求直线与圆锥的贯穿点。

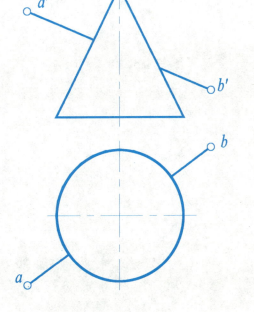
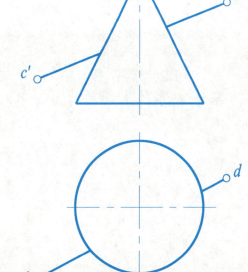

(4) 求直线与球体的贯穿点。

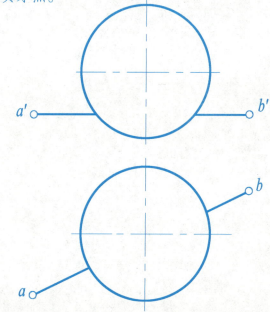

4. 曲面立体

| 专业班级 | 姓名 | 学号 | 日期 | 成绩 |

4.4 平面立体与曲面立体相交

(1) 求圆锥与四棱柱的相贯线。

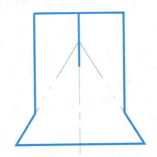

(2) 求圆柱与四棱锥的相贯线。

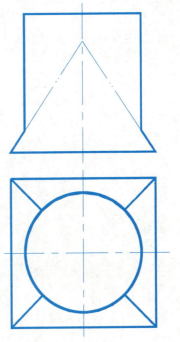

(3) 求半球体与三棱柱的相贯线。

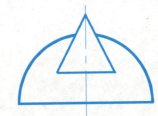 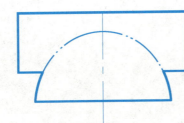

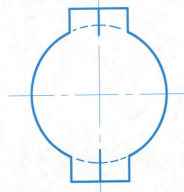

(4) 求三棱柱与半球体的相贯线。

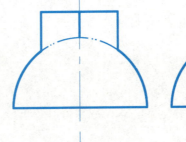 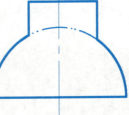

30

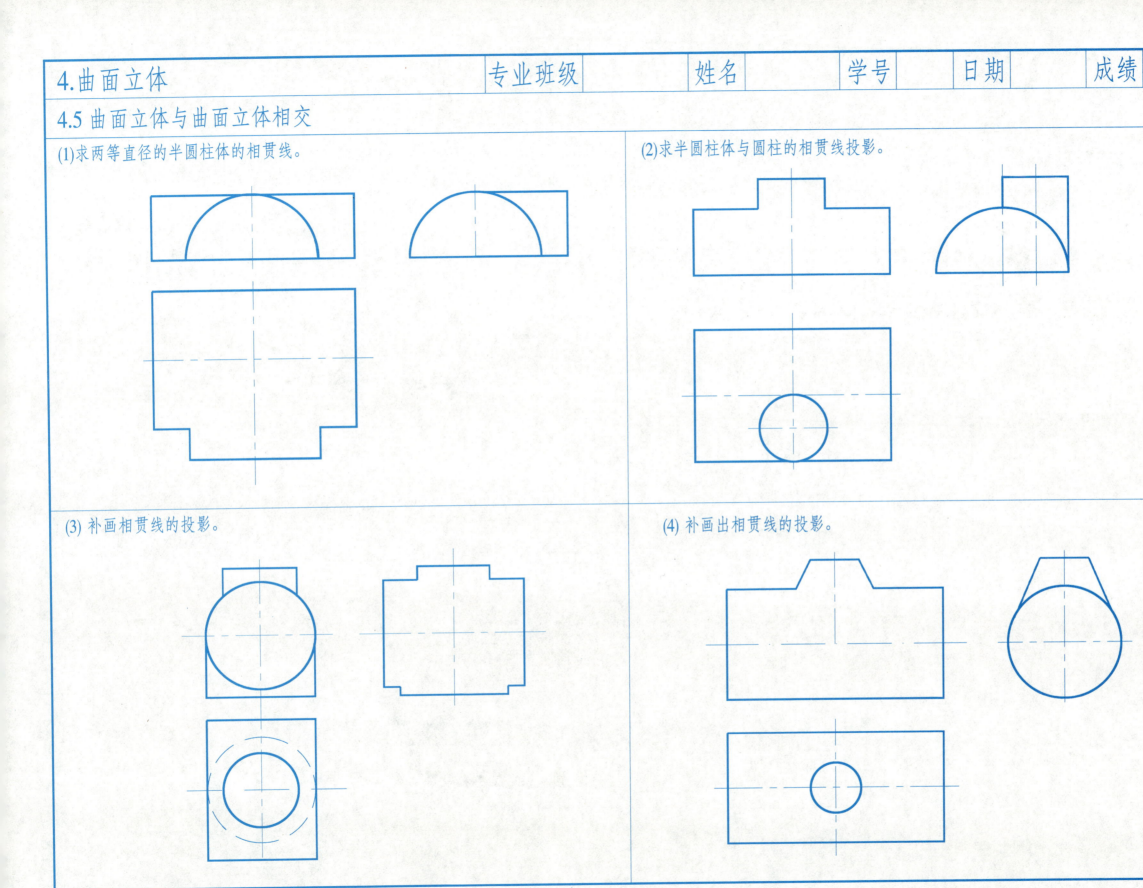

| 5. 轴测投影图 | 专业班级 | 姓名 | 学号 | 日期 | 成绩 |

5.1 根据两面投影图，画出正等轴测图

(1)

(2)

(3)

(4)

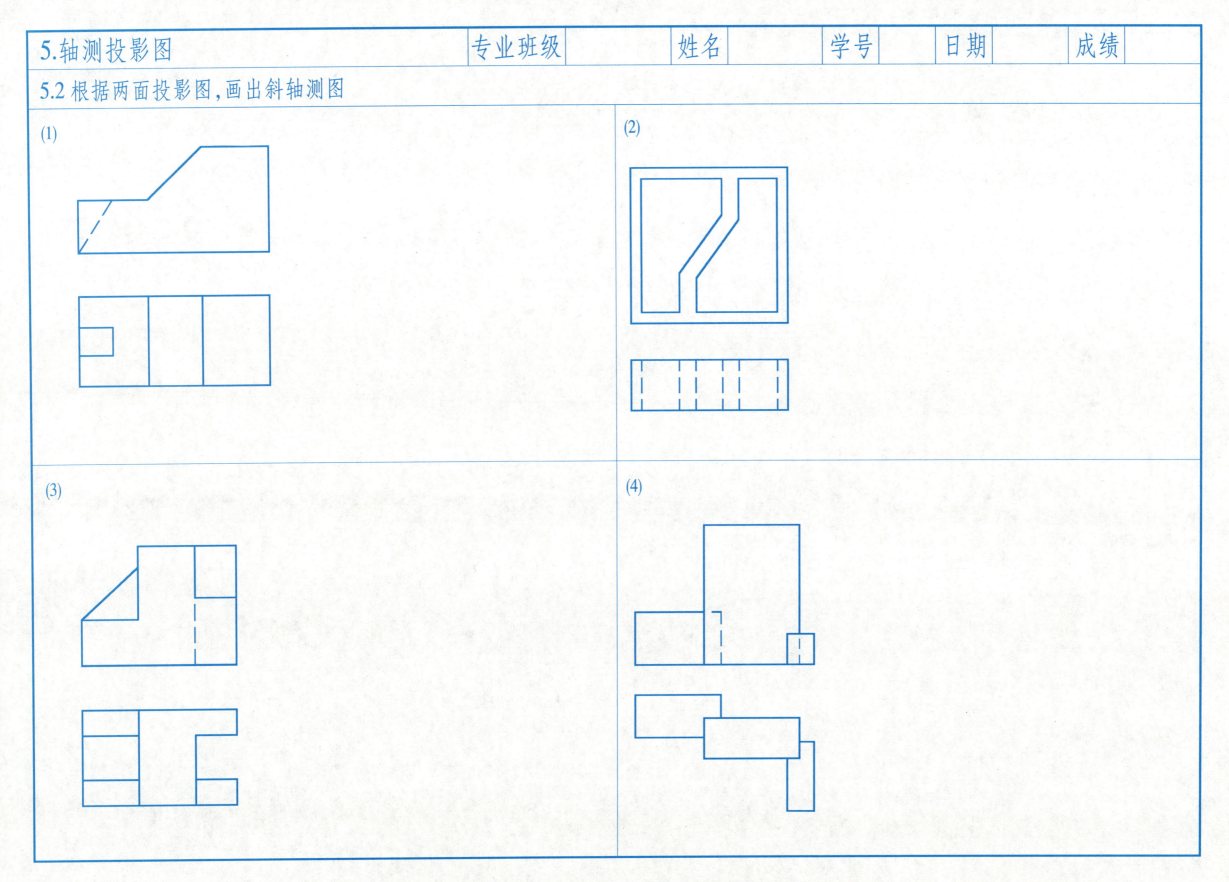

5. 轴测投影图	专业班级	姓名	学号	日期	成绩

5.3 根据两面投影图，画出曲面体的轴测图

(1) 正等测。

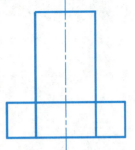

(2) 正等测。

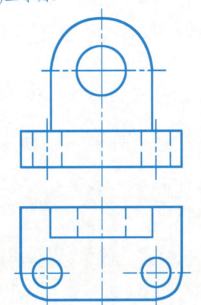

(3) 斜二测。

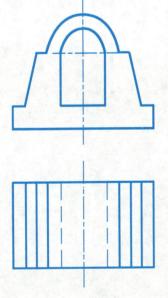

(4) 斜二测。

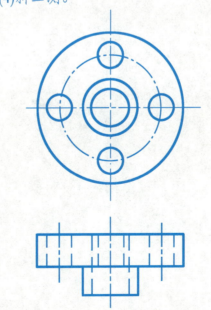

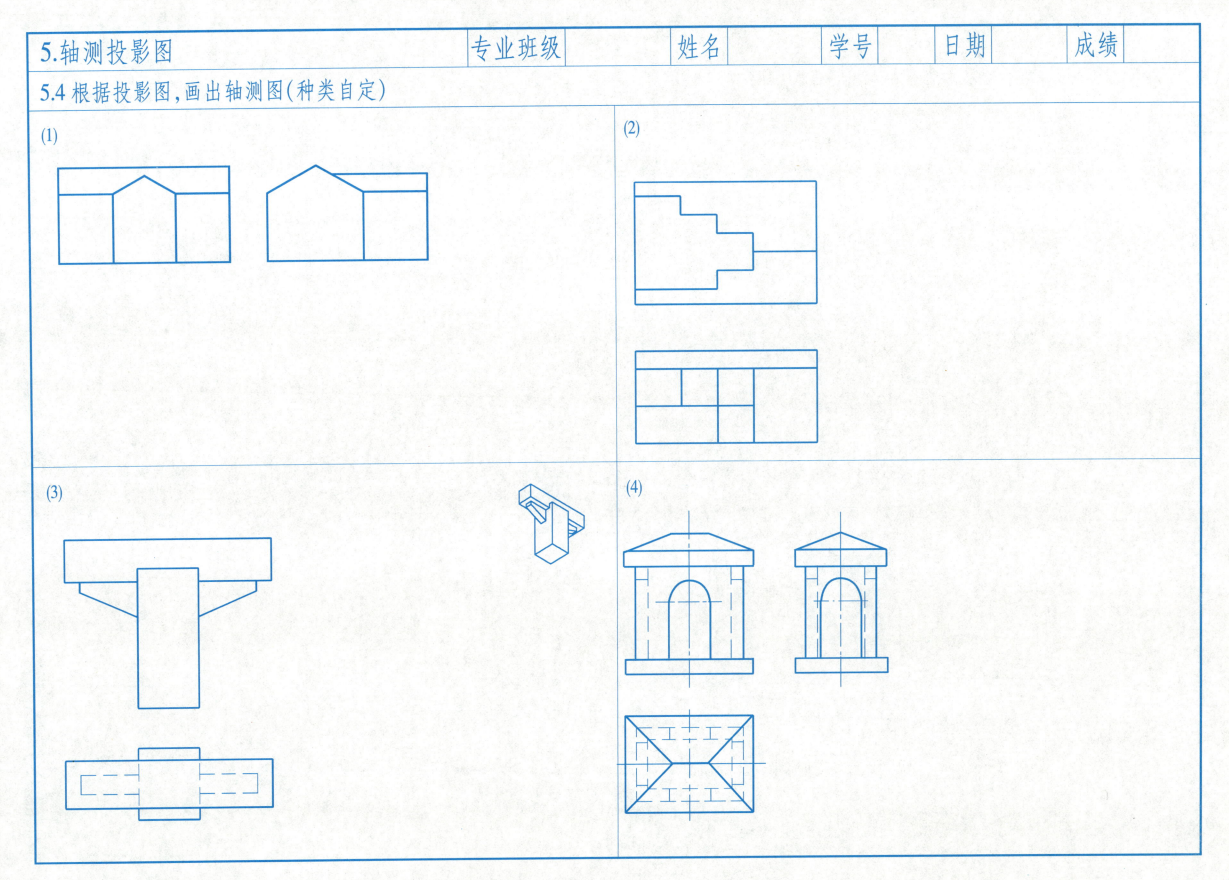

| 6. 组合体的投影 | 专业班级 | 姓名 | 学号 | 日期 | 成绩 |

6.1 按组合体的立体图绘制三面正投影图

(1)

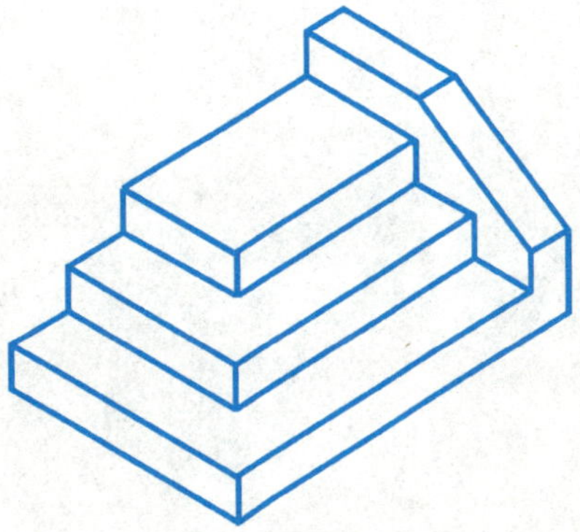

(2)

(3)

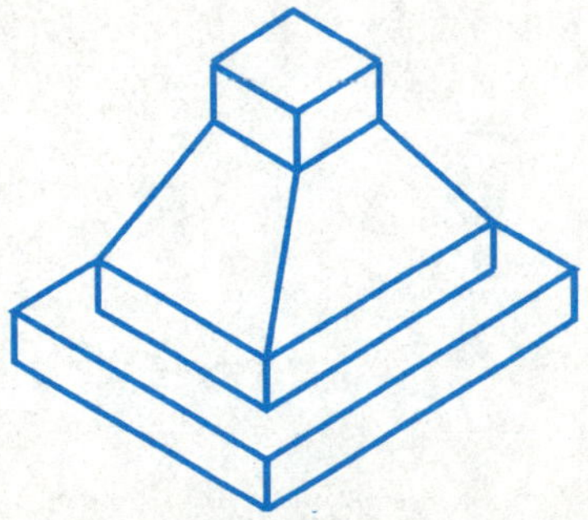

(4)

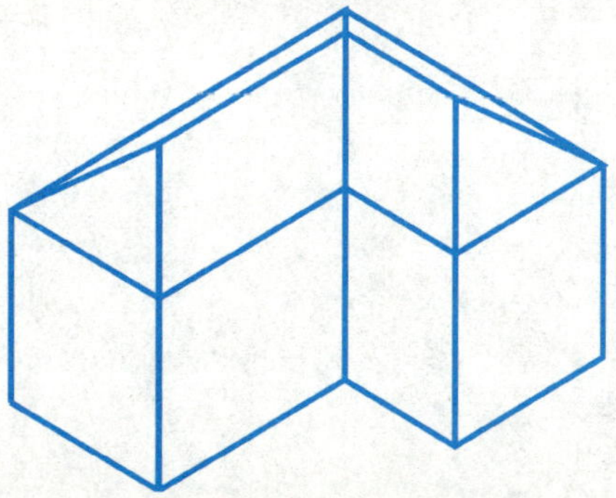

6. 组合体的投影

6.2 读图补线练习：补出下列三面正投影图中的缺线

(1)

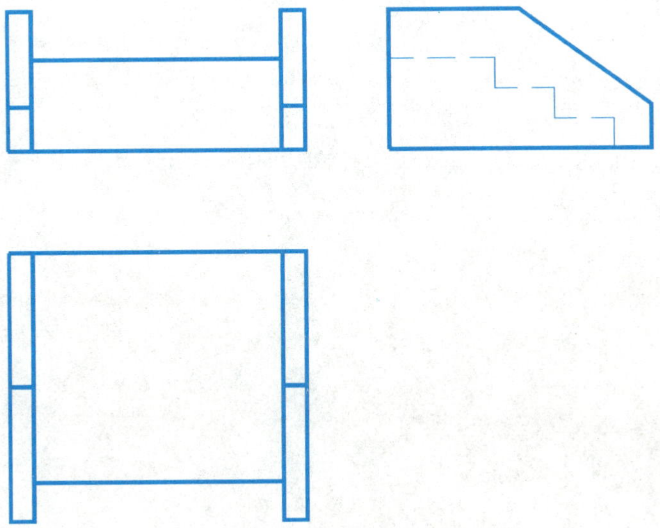

(2)

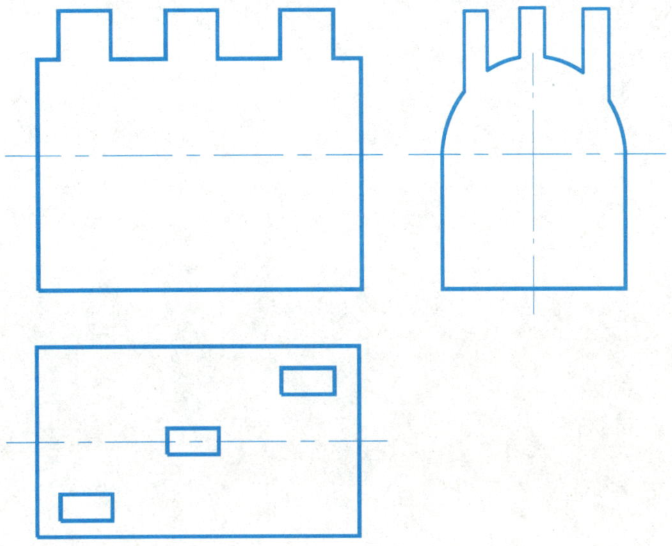

(3)

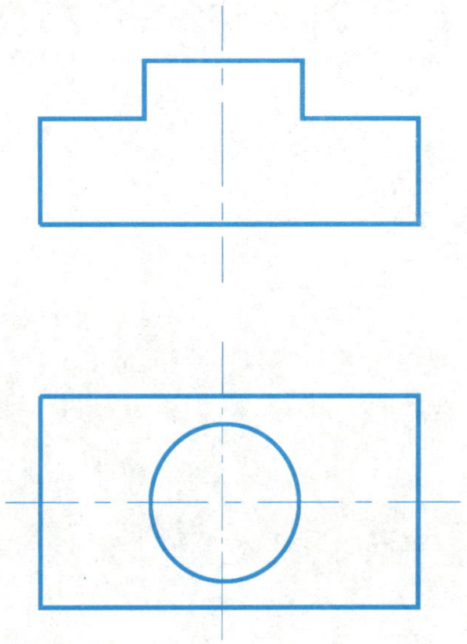

(4)

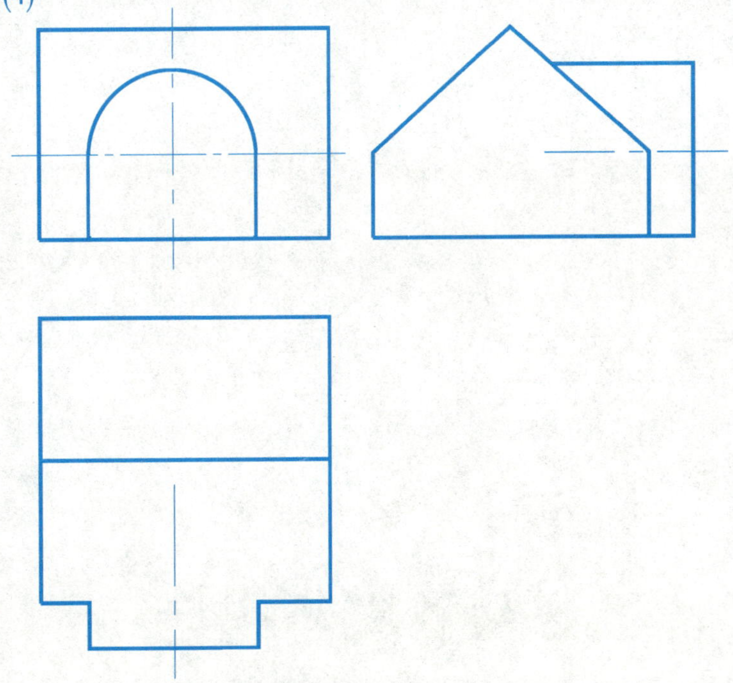

(5)

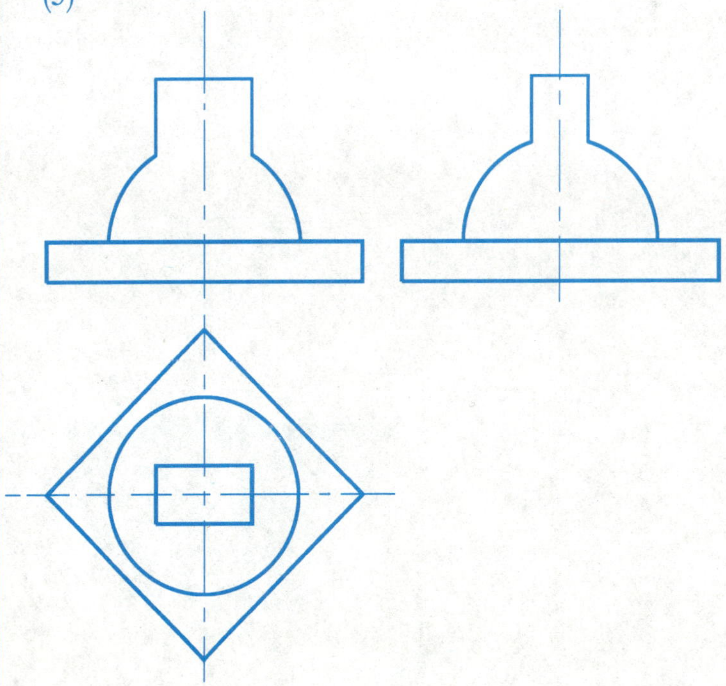

(6)

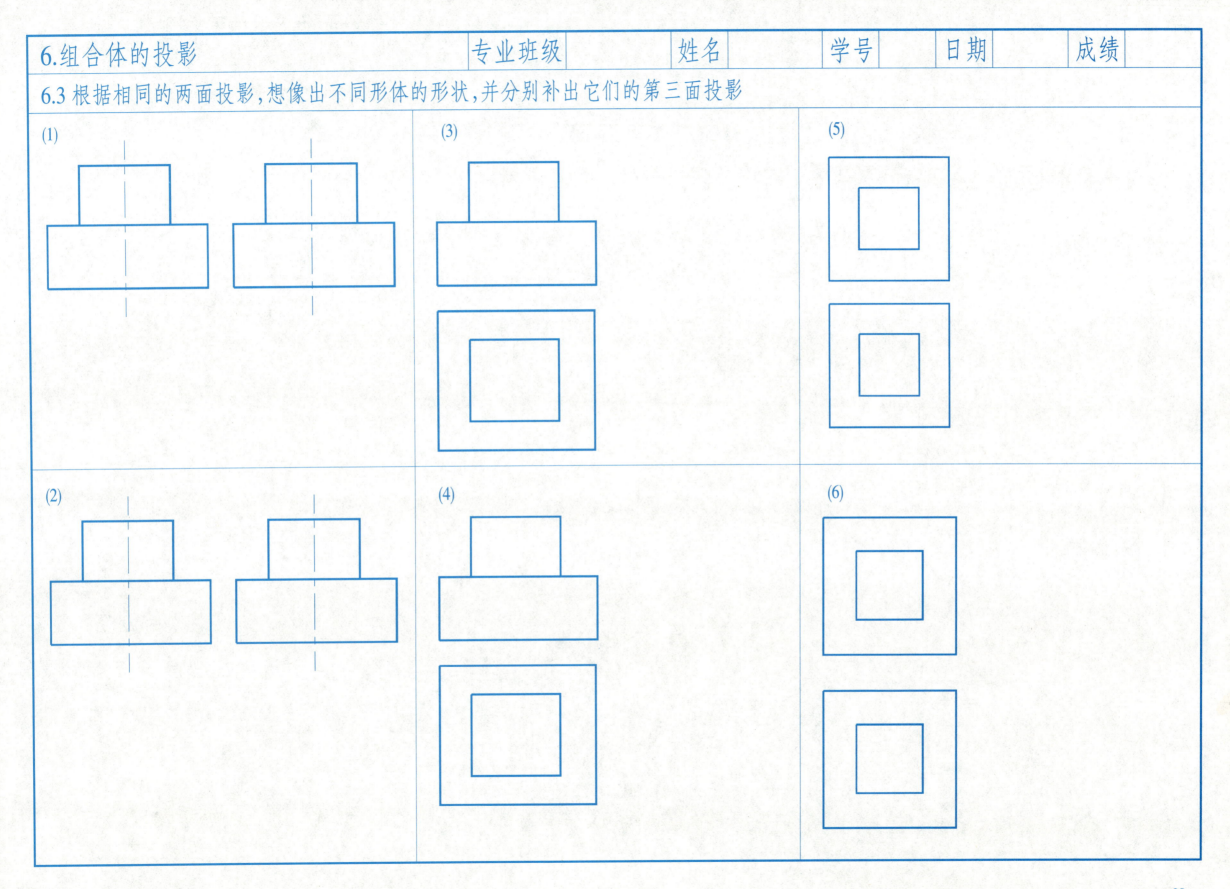

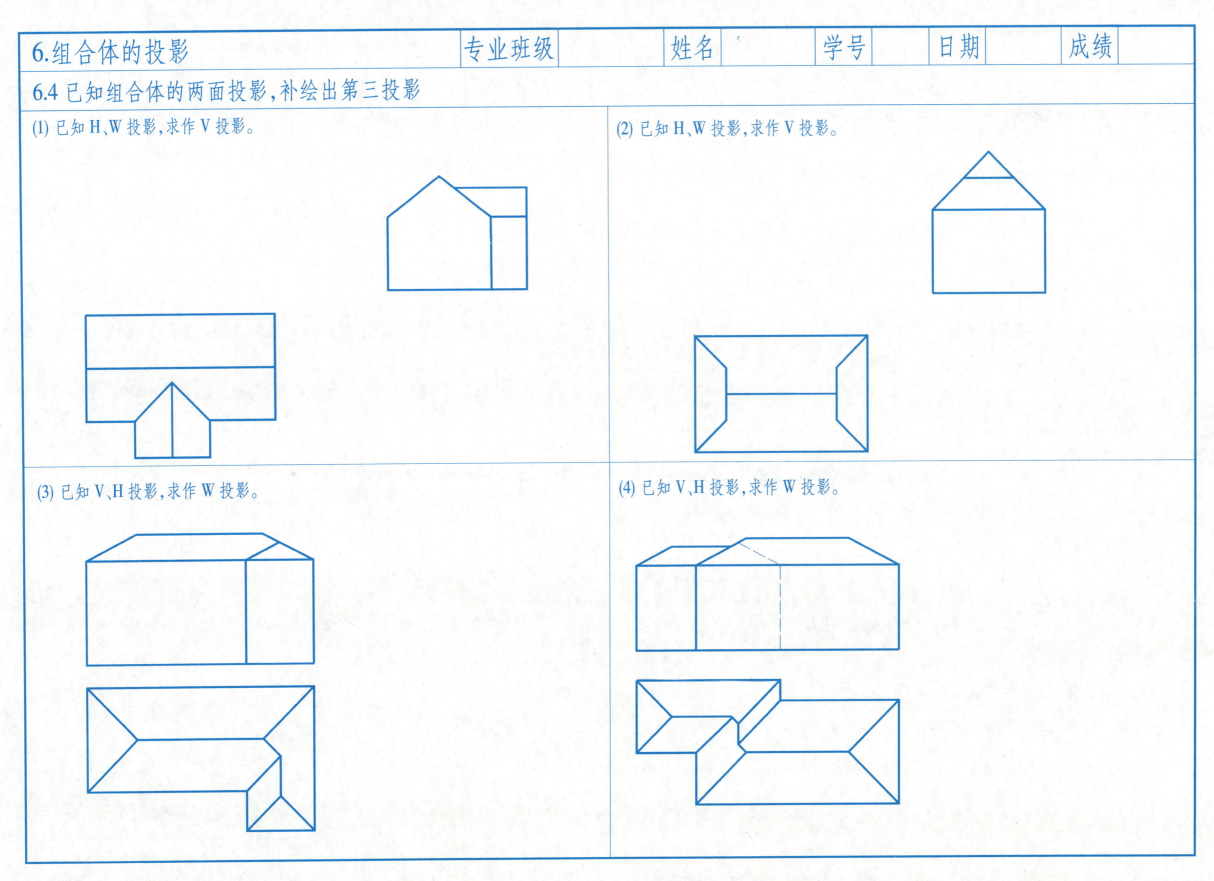

6. 组合体的投影

| 专业班级 | 姓名 | 学号 | 日期 | 成绩 |

6.4 已知组合体的两面投影,补绘出第三投影

(5) 已知V、W投影,求作H投影。

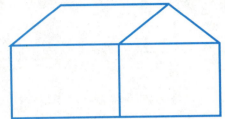 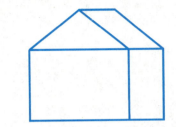

(6) 已知V、W投影,求作H投影。

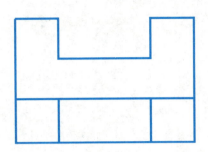 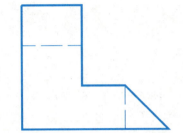

(7) 已知H、W投影,求作V投影。

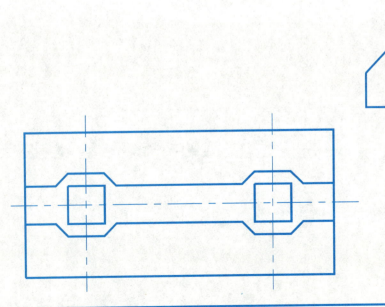

(8) 已知V、H投影,求作W投影。

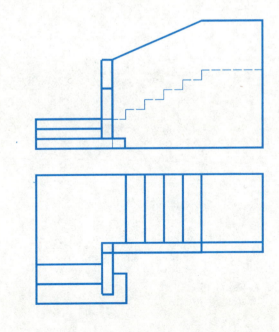

| 6.组合体的投影 | 专业班级 | 姓名 | 学号 | 日期 | 成绩 |

6.4 已知组合体的两面投影,补绘出第三投影

(9) 已知 V、H 投影,求作 W 投影。

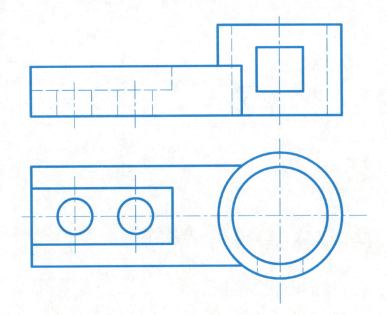

(10) 已知 V、H 投影,求作 W 投影。

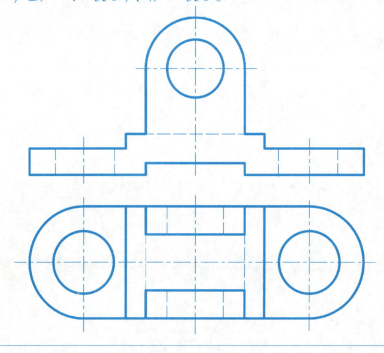

(11) 已知 H、V 投影,求作 W 投影。

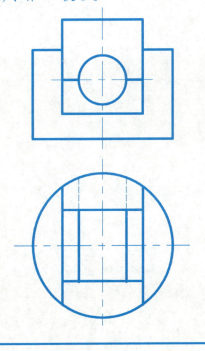

(12) 已知 V、H 投影,求作 W 投影。

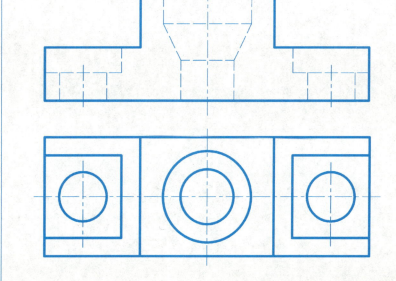

| 6.组合体的投影 | 专业班级 | 姓名 | 学号 | 日期 | 成绩 |

6.5 根据图形的大小，按 1：10 的比例标注尺寸

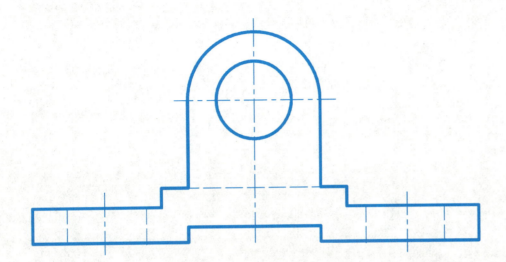

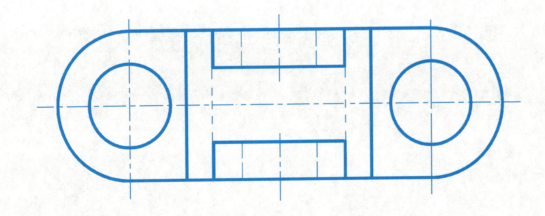

6. 组合体的投影

| 专业班级 | 姓名 | 学号 | 日期 | 成绩 |

6.6 徒手作图练习

(1) 分别以 01、02、03 为半径，求作同心圆。　　(2) 分别以 01、0Ⅰ 和 02、0Ⅱ 为椭圆半径，求作椭圆。　　(3) 放大一倍作形体的轴测图。

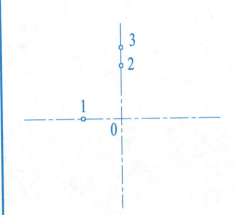
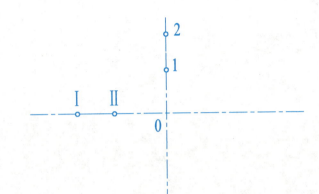
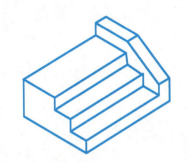

(4) 放大一倍作平面图，并标注尺寸。

(5) 描绘梁的配筋图(部分)。

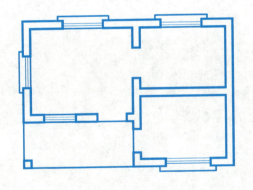
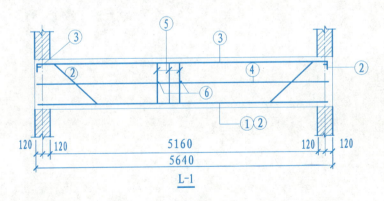

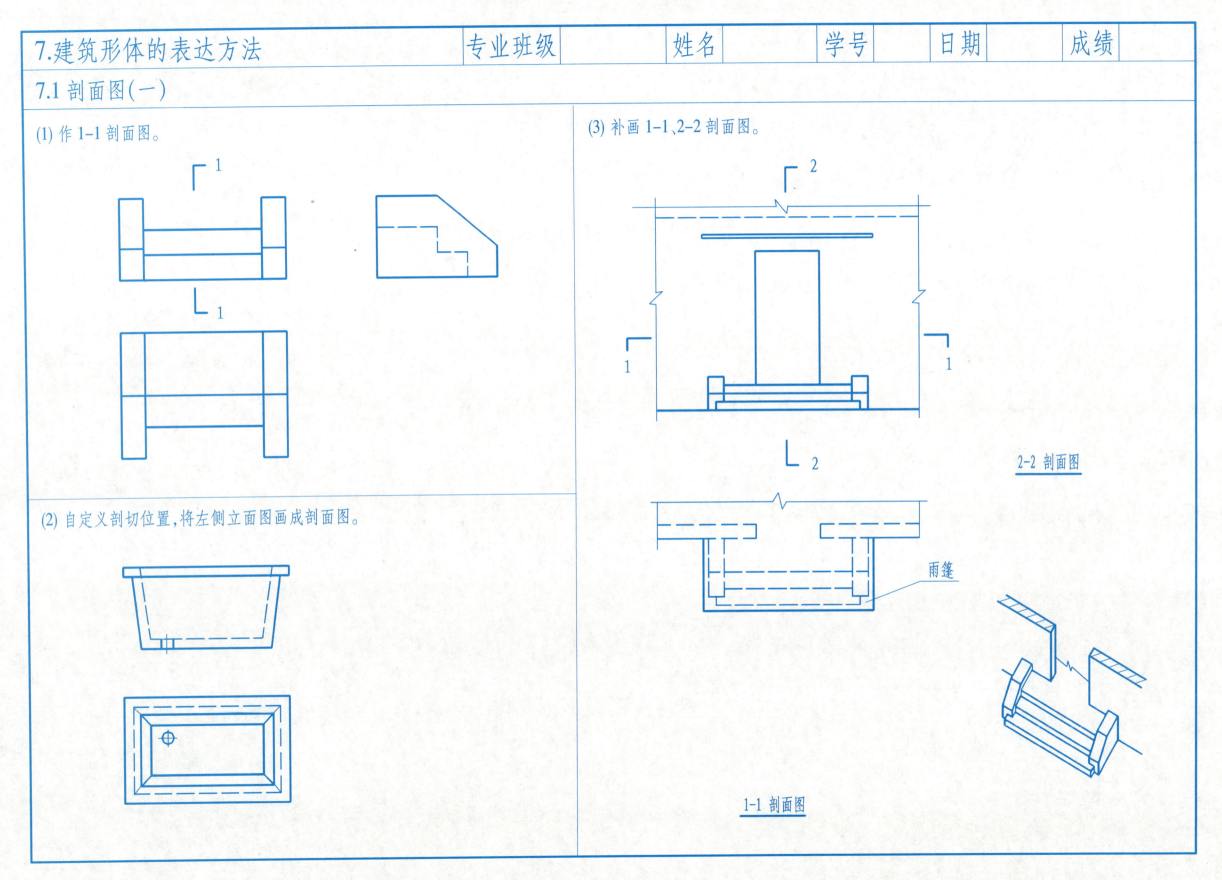

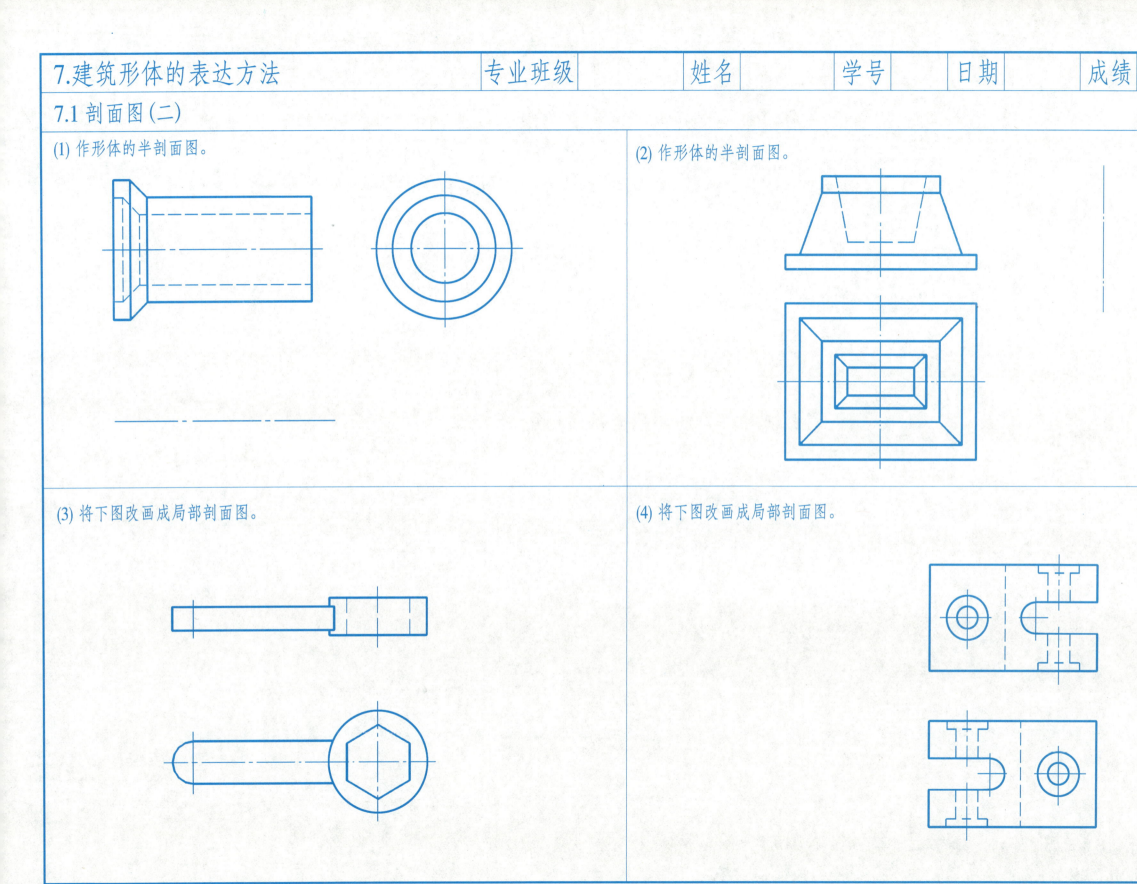

7. 建筑形体的表达方法

7.1 剖面图（三）

| 专业班级 | 姓名 | 学号 | 日期 | 成绩 |

(1) 自定义剖切位置，作形体的旋转剖面图。

(2) 自定义剖切位置，作形体的阶梯剖面图。

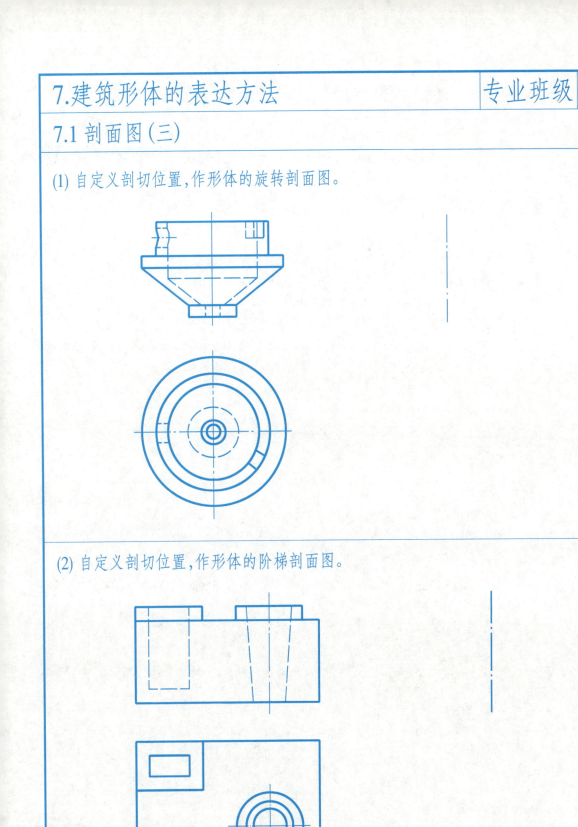

(3) 补画 1-1 阶梯剖面图。

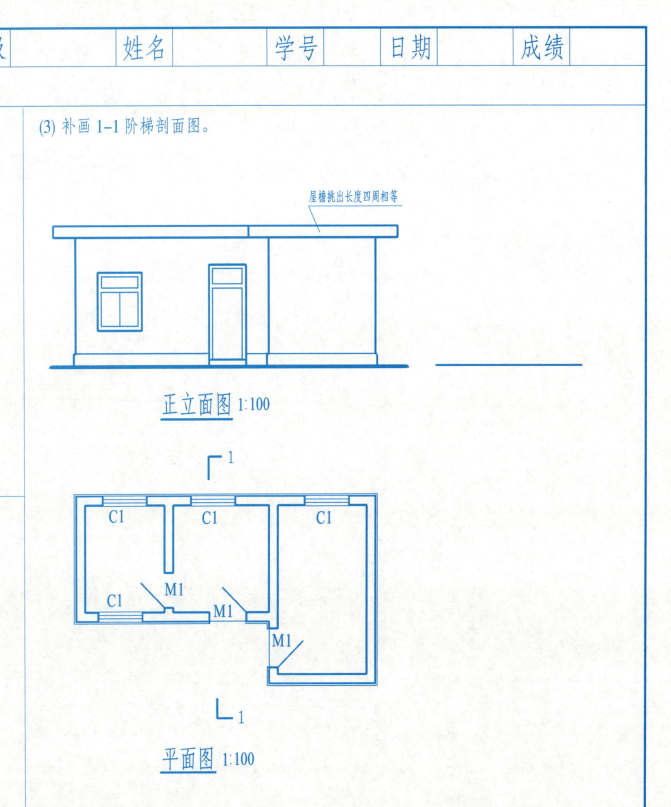

屋檐挑出长度四周相等

正立面图 1:100

平面图 1:100

| 7.建筑形体的表达方法 | 专业班级 | 姓名 | 学号 | 日期 | 成绩 |

7.2 断面图

(1) 作 1-1、2-2、3-3 断面图。

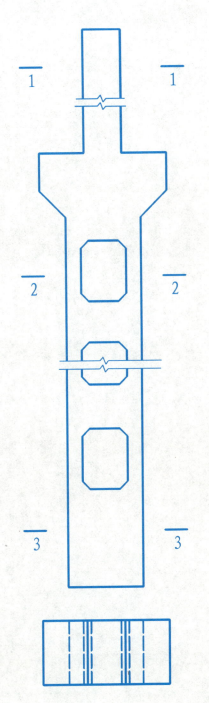

(2) 放大一倍作 1-1、2-2、3-3 断面图。

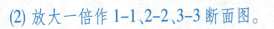

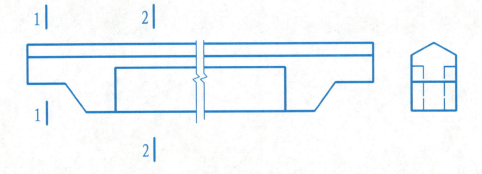

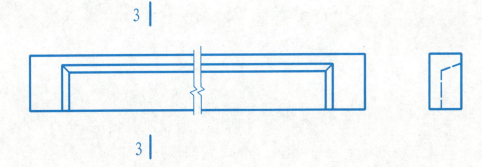

8. 房屋建筑施工图

| 专业班级 | 姓名 | 学号 | 日期 | 成绩 |

8.1 房屋建筑施工图的阅读

结合教材第8章,阅读本习题集后面的附录"某办公楼建筑施工图",完成下列练习。

(1) 填空题

基本知识、建筑设计说明和总平面图

1) 建筑施工图的内容包括施工图首页(含图纸目录、建筑设计说明、门窗表等)、_____图、_____图、_____图、剖面图和详图。

2) 图样上的尺寸单位,除标高及总平面图以_____为单位外,其他必须以_____为单位。

3) 把建筑物底层室内主要地面定为零点的标高称为_____标高;把青岛黄海平均海平面的高度定为零点的标高称为_____标高。

4) 建筑设计说明的内容一般应有设计依据、建筑规模、建筑物标高、装修做法和_____要求等。

5) 总平面图是新建筑物与其他相关设施定位的依据,新建筑物的定位一般采用_____、_____两种方法,该新建办公楼是用_____定位的,其定位尺寸是_____m、_____m。

6) 该办公楼相对标高±0.000相当于绝对标高为_____m,室外绝对标高为_____m,室内外高差为_____m。

7) 该总平面图是按_____比例绘制的。

8) 该办公楼共有_____层,朝向为_____。

9) 该楼办公室、资料室楼面装修面层材料为_____,内墙装修面层材料为_____,顶棚吊顶用_____材料。

平面图

10) 建筑平面图是假想用一个_____剖切平面,经过_____洞口之间将房屋剖开,移去剖切平面以上部分,将余下部分从上向下进行投影而得到的水平_____图,简称_____图。它主要表达房屋的_____情况。

11) 在多层和高层建筑中,若中间各层是一样的,则只需画一个平面图作为代表层,将这一个作为代表层的平面图称为_____图。

12) 平面图中三道尺寸线,最里面一道尺寸表示_____,中间一道尺寸表示_____,最外边一道尺寸表示_____。

13) 该办公楼的总长是_____,总宽是_____;横向有主要定位轴线_____条,纵向有主要定位轴线_____条;办公室的开间是_____,进深是_____。

14) 该办公楼墙厚_____,材料是_____;柱子的断面尺寸有_____种,分别是_____。

15) 全楼共有门_____种、窗_____种。其中在底层平面图中,M2门有_____樘,洞口尺寸(宽×高)为_____;C1窗有_____樘,洞口尺寸(宽×高)为_____。

16) 该办公楼底层的门厅位置,在2~5层中为_____室,且从A轴线处突出_____。

17) 在6层平面图中,有一部分是屋顶,其范围是_____。

立面图

18) 在与房屋外墙面平行的投影面上所作出的房屋_____图,称为立面图。立面图主要反映建筑物的_____。

19) 该办公楼的总高(室外地坪至女儿墙顶的高度)为_____,共_____层,层高分别为_____。

20) 在⑧~①立面中,共有_____种窗,其中C9窗有_____樘,洞口尺寸(宽×高)为_____,窗台高_____。

21) 结合建筑设计说明,全楼外墙面装修按_____图施工,面层材料为_____,颜色是_____,其中柱子采用_____颜色;门厅前的台阶装修按_____图施工,面层材料为_____,颜色是_____。

剖面图

22) 假想用平行于横墙面或纵墙面的剖切平面将房屋剖切开,移去剖切平面与观察者之间的部分,将剩下部分投射到与剖切平面平行的投影面上,得到的图样称为_____图。用平行于横墙面的剖切平面进行剖切,得到的剖面图称为_____;用平行于纵墙面的剖切平面进行剖切,得到的剖面图称为_____。

23) 剖面图主要用来表达建筑物的_____。

24) 结合底层平面图中标注的剖切符号,可知该办公楼的1-1剖面图是通过_____轴线范围的办公室、卫生间、楼梯间剖切并转折到_____轴线的走廊剖切后向_____边投射所得到的_____剖面图。2-2剖面图是通过楼梯间、走廊和门厅剖切后向_____边投射所得到的横剖面图。

8. 房屋建筑施工图

8.1 房屋建筑施工图的阅读

25) 1-1和2-2剖面图中的涂黑部位表示＿＿＿材料的构件断面,这些构件分别是被剖切的＿＿＿＿＿＿＿＿＿＿＿＿＿＿＿＿＿＿。

26) 从剖面图中也可看出该楼共＿＿＿层,总高为＿＿＿,其中底层层高为＿＿＿,标准层层高＿＿＿＿＿。

27) 在1-1剖面图中,二层所看到的门窗从左至右依次是C9、＿＿＿＿＿。

28) 该楼底层至二层之间有＿＿＿段楼梯,全楼共有＿＿＿段楼梯。

29) 通过2-2剖面图,结合六层和屋顶平面图可知,该楼屋顶以＿＿＿轴线为界,分为A0~B轴线范围内的屋面,标高为＿＿＿,B~D轴线范围内的屋面标高为＿＿＿,两部分屋面高差为＿＿＿;屋面坡度为＿＿＿;A~B轴线范围内的屋面上方是＿＿＿。2-2剖面图左上方的斜断面表示＿＿＿。

建筑详图及其他

30) 将建筑物的局部、节点及建筑构配件的形状、大小、材料和做法等,用较大的比例详细地表示出来的图样,称为＿＿＿。

31) 该楼室外散水的宽为＿＿＿,做法查阅＿＿＿图。花池的长宽高尺寸是＿＿＿。

32) 该楼办公室的踢脚板的面层材料为＿＿＿,按＿＿＿图施工。

33) 该楼共有＿＿＿根雨水管,材料为＿＿＿,管径为＿＿＿,雨水管的固定做法见＿＿＿图,雨水口的做法见＿＿＿图。

34) 该楼梯段宽度是＿＿＿;一个踏步的长宽高是＿＿＿;踏面和踢面的面层材料为＿＿＿。

35) 楼梯竖直栏杆采用＿＿＿材料,它与踏步采用＿＿＿连接;扶手的材料是＿＿＿,它与栏杆采用＿＿＿连接;栏板采用＿＿＿材料,它与栏杆采用＿＿＿连接。

36) 该楼的＿＿＿门为铝合金弹簧门,＿＿＿门为夹板门;所有的窗均采用＿＿＿材料制作,颜色为＿＿＿。

37) 从夹板门详图中可以看出,门框边框的断面尺寸为＿＿＿,门扇骨架木料断面尺寸为＿＿＿。

38) 该楼卫生间的固定设施有＿＿＿;卫生间地面比所在楼层主要地面低＿＿＿,地面面层材料为＿＿＿;卫生间墙裙的高度为＿＿＿,墙裙和隔板贴面材料为＿＿＿。

(2) 综合题

1) 计算该办公楼的占地面积、建筑面积。
2) 计算Ⓐ-Ⓓ立面图中外墙面的装修面积。
3) 计算一个办公室的内装修面积(地面、墙面、顶棚)。
4) 根据建筑设计说明和有关图样(如墙身节点详图)简述楼地面、屋面的做法。
5) 简述楼梯平面图中,底层、中间层、顶层各有什么不同。
6) 说明建筑施工图中指北针、索引符号、详图号、剖切符号、定位轴线及编号等的含义、规格、线型及画法要求。

8. 房屋建筑施工图

| 专业班级 | 姓名 | 学号 | 日期 | 成绩 |

8.2 房屋建筑施工图的绘制（一）

作业指导书

一、作业目的

熟悉建筑图的内容和制图标准，掌握建筑图的绘制方法。

二、作业内容

根据 50～53 页的学生宿舍轴测图、水平剖切轴测图、垂直剖切轴测图及底层平面图，进行下列绘图作业。

  作业1：用A3图幅抄绘底层平面图
  作业2：用A3图幅绘制二层平面图
  作业3：用A3图幅绘制①－⑨立面图
  作业4：用A3图幅绘制1-1剖面图和2-2剖面图

三、已知条件

（1）平面尺寸见底层平面图，层高3000，楼板厚110，窗台高900。

（2）屋面为刚性防水屋面，单坡排水，坡度为1%，女儿墙高1000。

（3）楼梯踏步宽300，高150，楼梯平台净宽1980，楼梯扶手距平台面高900，两梯段间隙60。

（4）门窗洞口尺寸（宽×高）

  M1=1800×2700
  M2=1300×2400
  M3=1000×2400
  M4=900×2400
  C1=1500×1500

四、作业要求

（1）比例1：100。

（2）A3图幅，标题栏长200，宽40，格式见底层平面图。

（3）作图准确，线型正确，图面清晰。

（4）标注完整，包括尺寸、标高、剖切符号、图名、比例及必要的文字说明等。

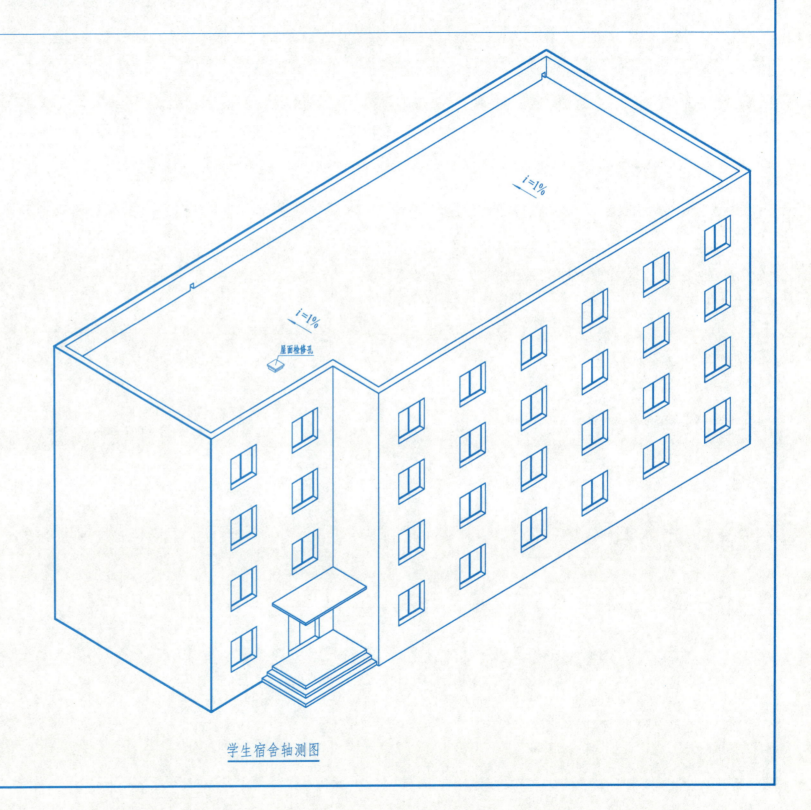

学生宿舍轴测图

8. 房屋建筑施工图	专业班级	姓名	学号	日期	成绩

8.2 房屋建筑施工图的绘制（二）

作业内容及要求见 50 页

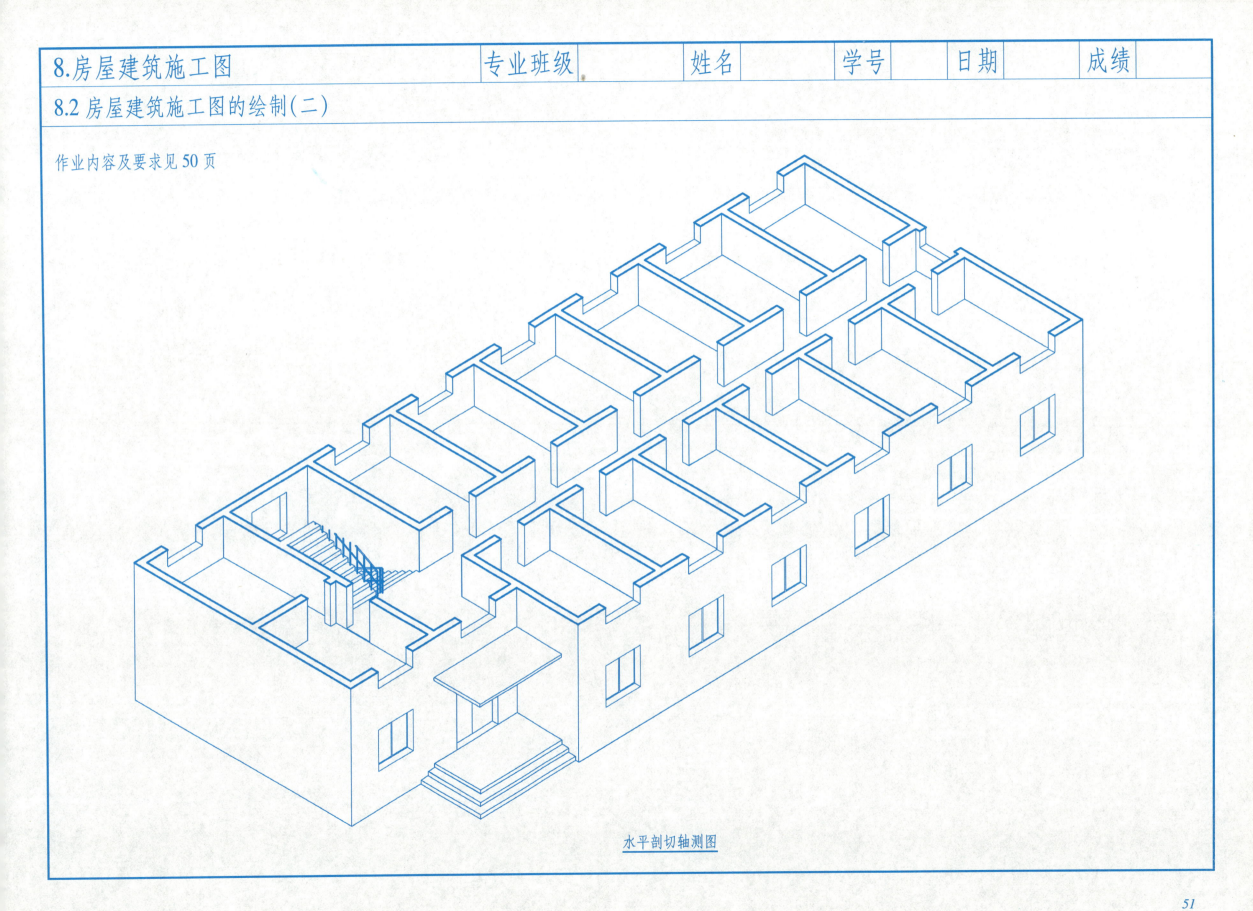

水平剖切轴测图

| 8.房屋建筑施工图 | 专业班级 | 姓名 | 学号 | 日期 | 成绩 |

8.2 房屋建筑施工图的绘制（三）

作业内容及要求见50页

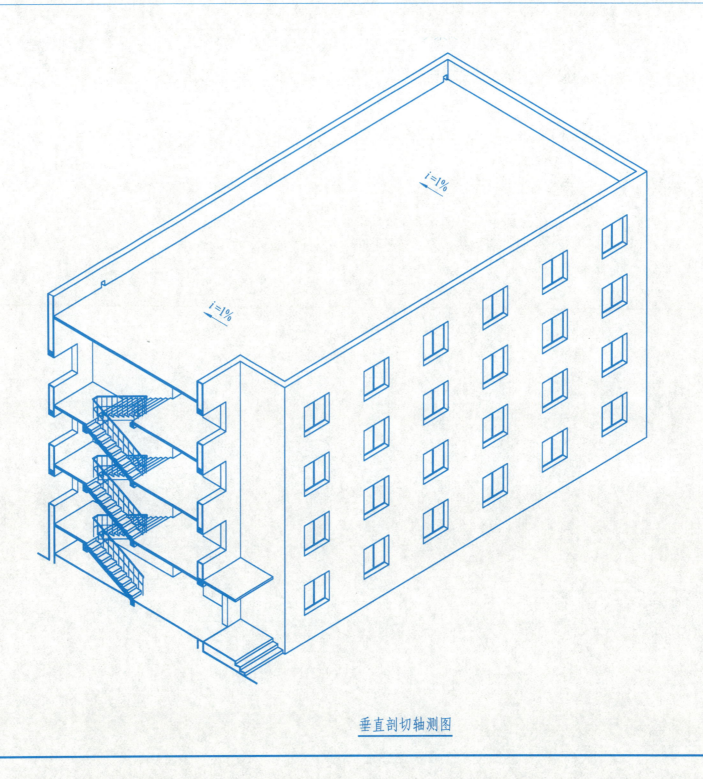

垂直剖切轴测图

| 8. 房屋建筑施工图 | 专业班级 | 姓名 | 学号 | 日期 | 成绩 |

8.2 房屋建筑施工图的绘制（四）

作业内容及要求见50页

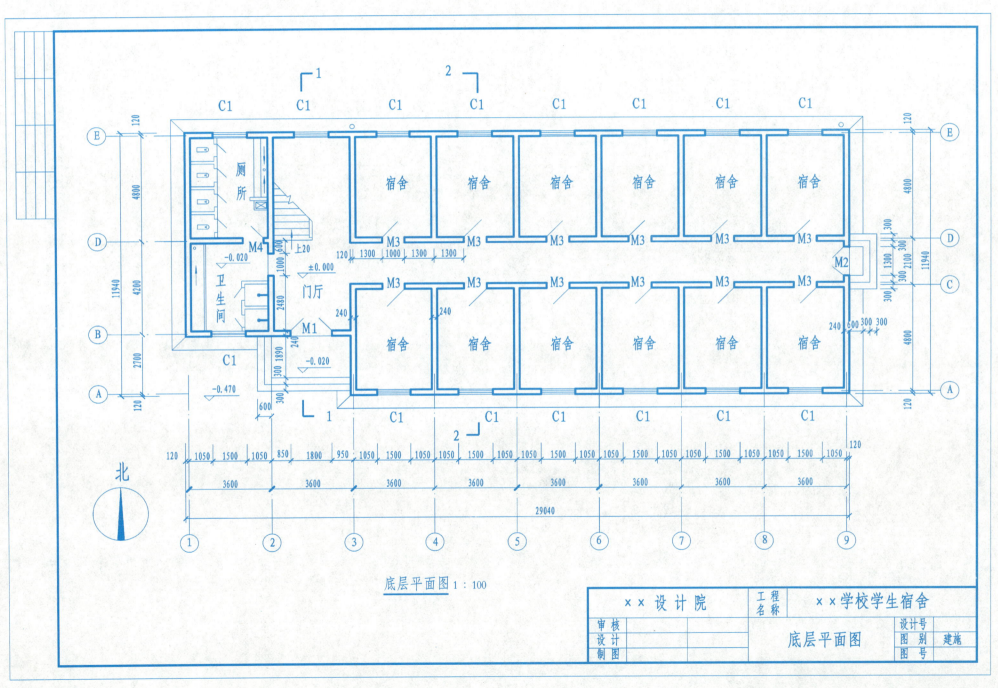

底层平面图 1:100

9. 结构施工图

9.1 阅读教材第9章和附录"某办公楼结构施工图",完成下列练习

(1) 填空题

1) 建筑结构按照主要承重构件所采用的材料不同,一般分为_____、_____、_____和钢筋混凝土结构四大类。

2) 结构施工图主要反映承重构件的布置情况、构件类型、_____、_____及制作安装等。

3) 结构布置图主要内容包括_____、_____、_____。

4) 构造详图属于局部性的图纸,主要内容包括_____、_____、_____。

5) 基础的形式一般分为条形基础、_____和_____。

6) 基础图包括基础平面图、_____和_____三部分。

7) 岩石天然单轴抗压强度标准值为_____。

8) 基础底面标高是_____。

9) 基础采用_____材料,混凝土强度等级为_____。

10) 基础共有_____种类型,各种类型的基础底面积分别是_____。

11) 基础中钢筋的布置方法_____。

12) 标准层结构布置平面图共表示_____层。第二层共需要YKB3906-5型号的板_____块。该楼板的厚度为120,板底标高应为_____m,换算成绝对标高又是_____m。

13) 该建筑中,梁CL1共有_____根。第三层梁CL1的下皮标高是_____m,梁下净空高度为_____m。

14) 由于框架柱的影响,不能铺设预制楼板的部位采用_____。板带厚同相邻的预制楼板,纵筋为_____,分布筋为_____。

15) 在梁平法施工图中,连梁LL1有_____跨,梁的断面尺寸为_____,加密区的箍筋为_____,非密区的箍筋为_____,上部角筋为_____,③~④间下部主筋为_____,④~⑤间下部主筋为_____。

16) 梁中≥Φ25的钢筋采用_____连接。

17) 在附加筋和吊筋平面布置图中,梁的附加箍筋和吊筋共有_____种布置方法。

18) 该建筑楼梯平台梁TL1有_____根。

19) 图中TL1长度为_____mm,梁的横断面为_____,主筋是_____,混凝土的设计强度是_____,主筋保护层厚度是_____。

(2) 应用题

1) 基础平面图是怎样产生的,它与建筑底层平面图有何区别?

2) 试计算基础J1的混凝土用量(单位:m^3,保留两位小数)。

3) 列钢筋表,填出连梁LL1中各编号钢筋的形状、规格、数量、长度。

4) 指出次梁CL1与连梁LL1主筋布置的区别。

5) 列钢筋表,填出标高23.650m层中各种编号钢筋的形状、规格、数量、长度(钢筋由自己编号)。

6) 计算标高23.650m层现浇板的混凝土用量(单位:m^3,保留两位小数)。

(3) 综合应用题

1) 叙述屋顶结构布置平面图与楼层结构布置平面图有何异同。

2) 叙述建筑施工图与结构施工图的主要区别。

9. 结构施工图

9.2 根据 KJL-5 梁平法施工图，(1) 列出钢筋表；(2) 求作 1-1 梁的配筋断面图

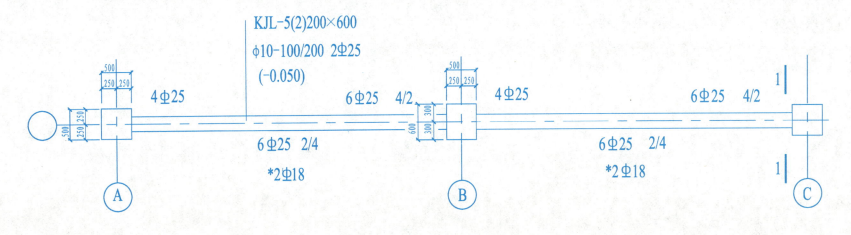

KJL-5

KJL-5 钢筋表

钢筋编号	钢筋简图	型号	数量	单根长度	总长	

1-1

说明：
1) 钢筋保护层为 25mm。
2) 钢筋的锚固长度为 $35d$。
3) 梁上部钢筋可以按通长考虑。

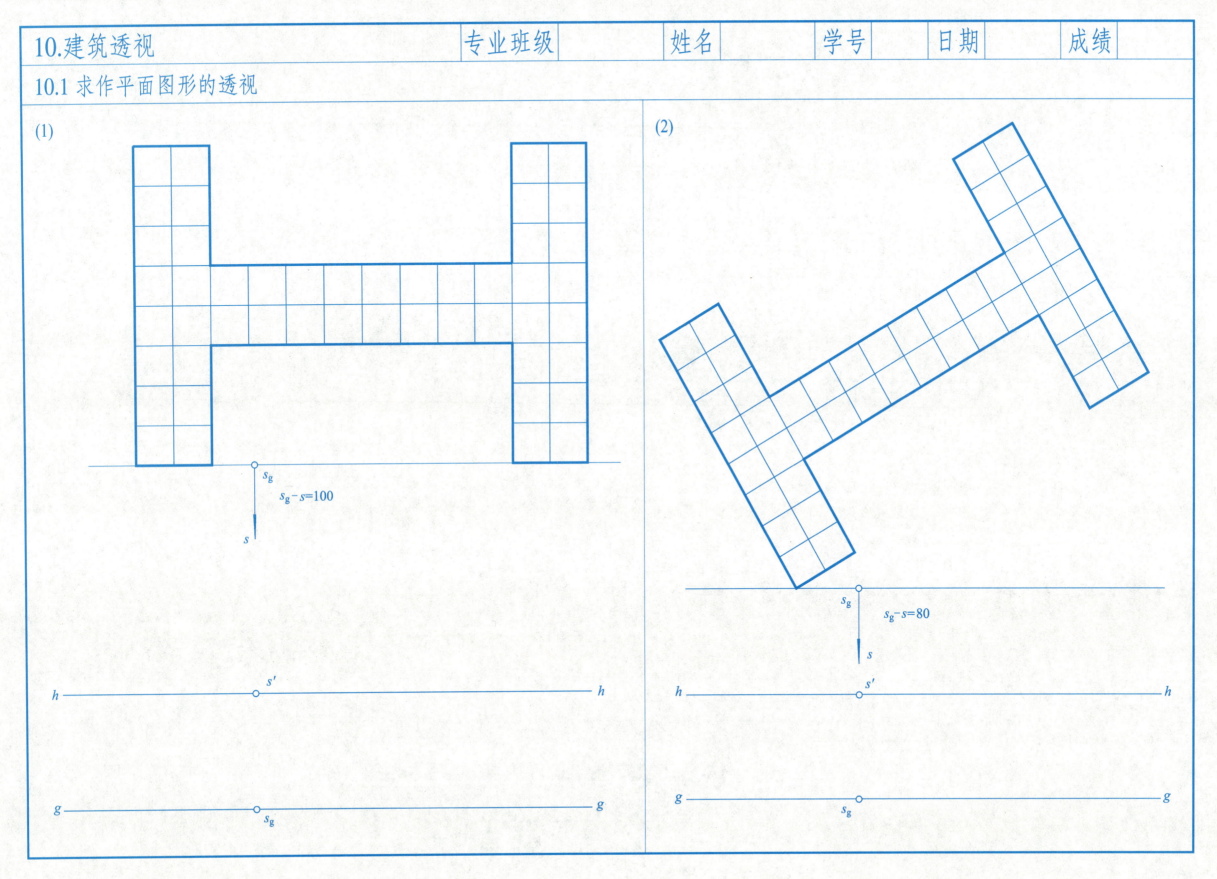

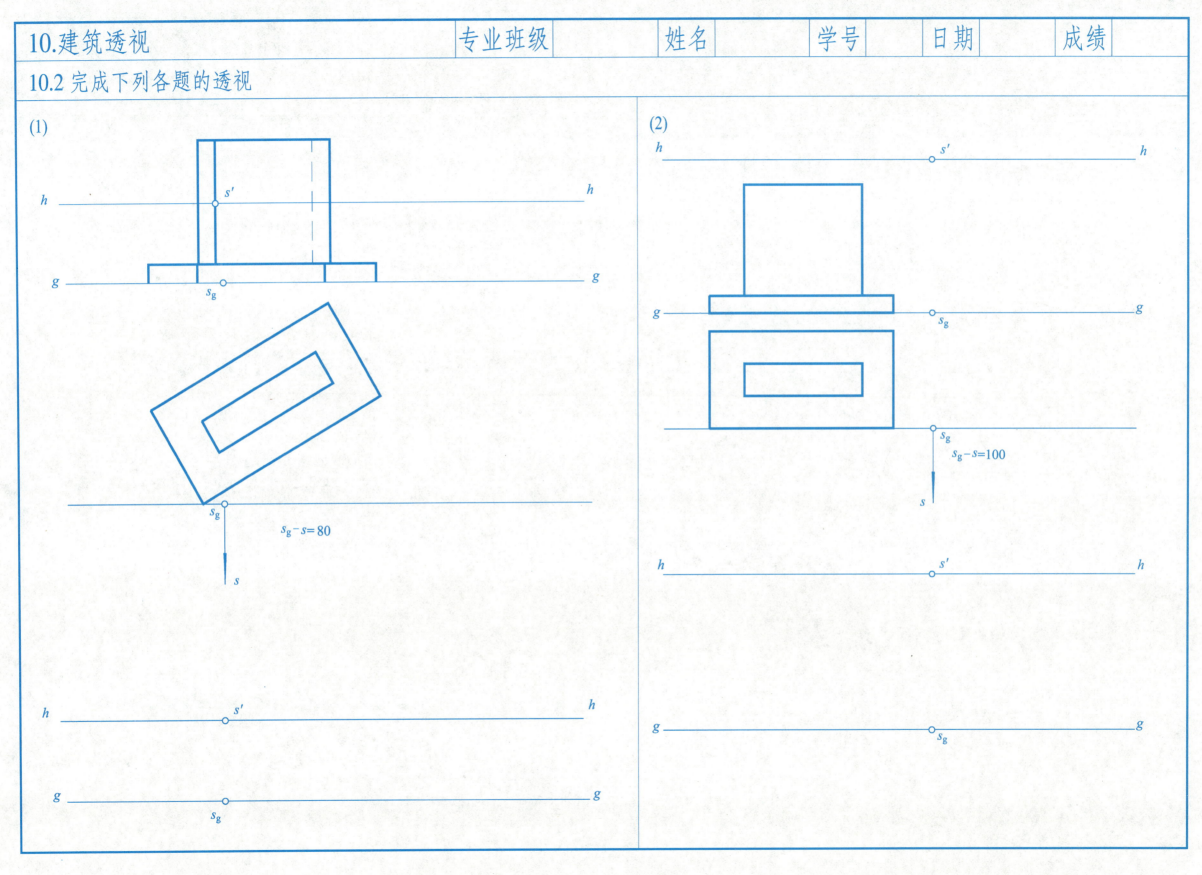

| 10. 建筑透视 | 专业班级 | 姓名 | 学号 | 日期 | 成绩 |

10.3 完成下列各题的透视（放大一倍）

(1)
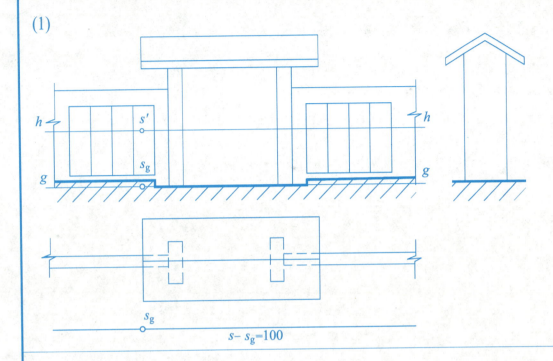

(2)
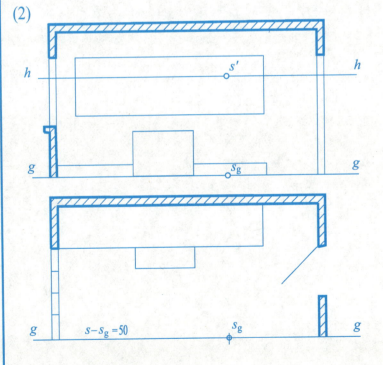

10. 建筑透视

| 专业班级 | 姓名 | 学号 | 日期 | 成绩 |

10.4 完成下列各题的透视

(1) 求正方体各可见面上外切圆的透视。

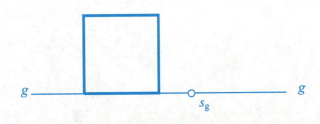
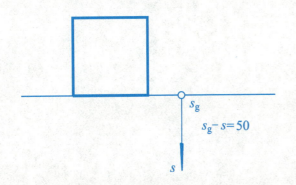

(2) 求拱门及雨篷的透视。

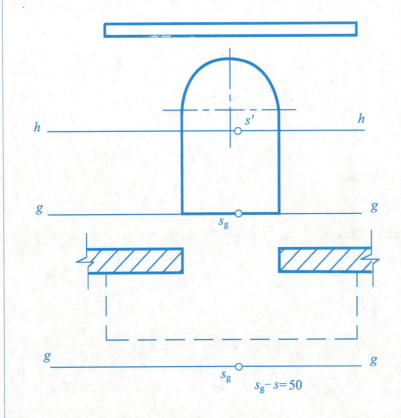

(3) 求圆柱圆帽的透视。

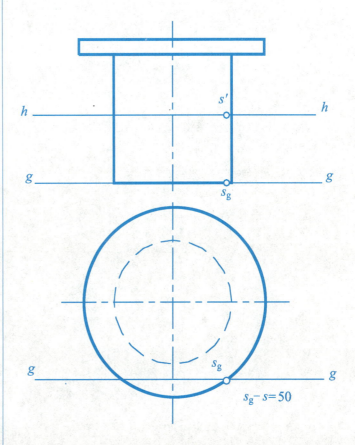

10. 建筑透视

10.5 按三倍求作圆拱的透视

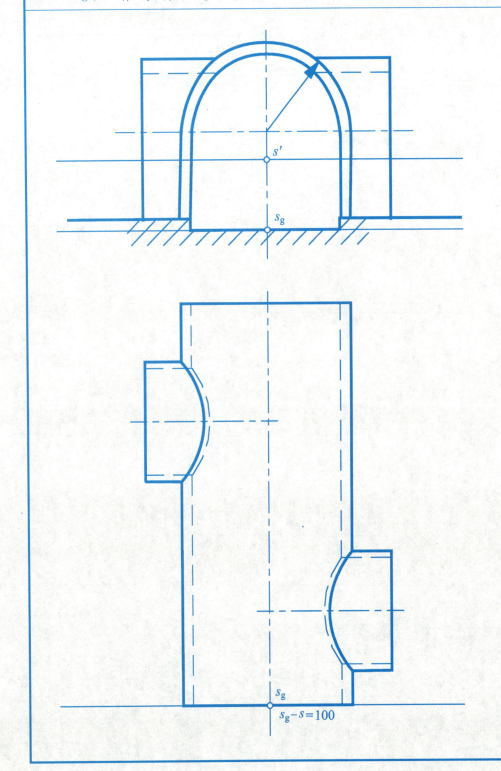

10.建筑透视	专业班级	姓名	学号	日期	成绩

10.6 用量点法按二倍求作建筑物的透视

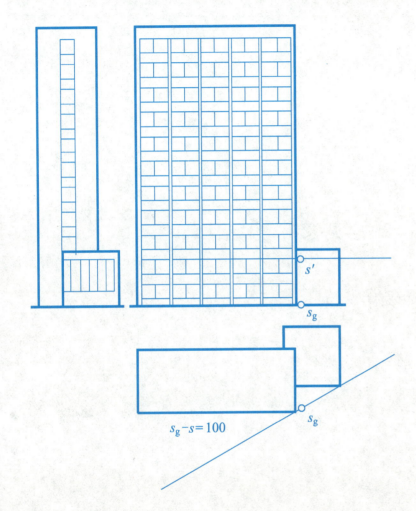

$s_g - s = 100$

10. 建筑透视

| 专业班级 | 姓名 | 学号 | 日期 | 成绩 |

10.7 用建筑师法按二倍求作建筑物的透视(一)

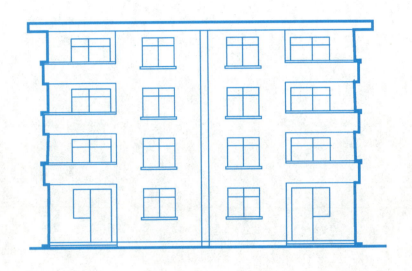

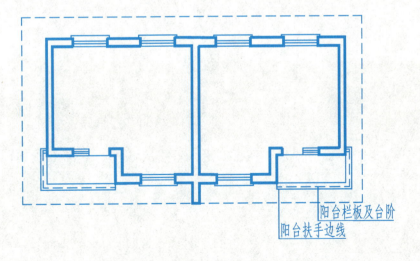

阳台栏板及台阶
阳台扶手边线

| 10. 建筑透视 | 专业班级 | 姓名 | 学号 | 日期 | 成绩 |

10.8 用建筑师法按二倍求作建筑物的透视(二)

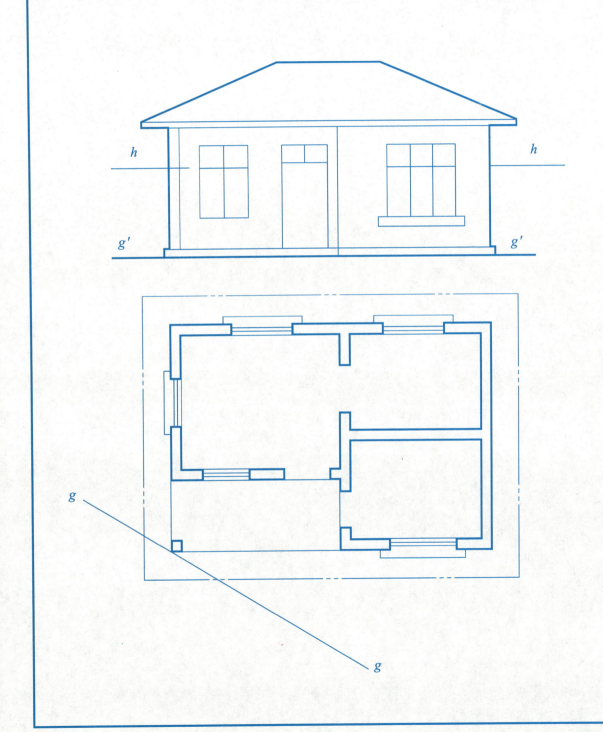

| 10. 建筑透视 | 专业班级 | 姓名 | 学号 | 日期 | 成绩 |

10.9 求作透视图中组合体的阴影

(1) 求作灯光下的阴影。

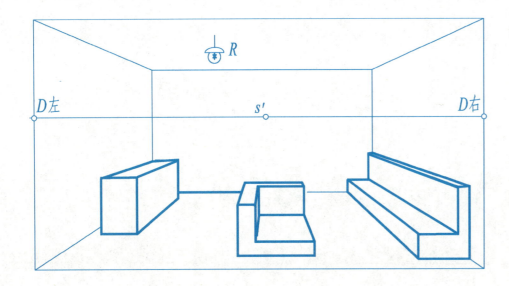

(2) 求作灯光下的阴影。

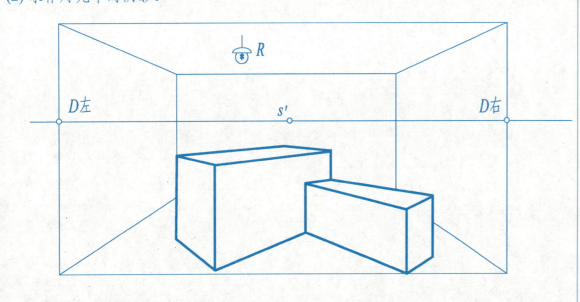

(3) 求作日光下的阴影。

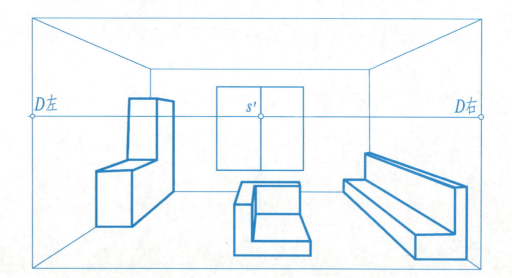

(4) 求作日光下的阴影。

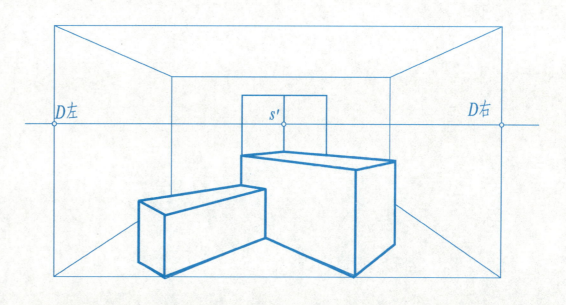

11. 室内装饰工程图

11.1 室内平面图

(1) 用八人圆桌布置小餐厅，其中圆桌直径为1300，椅子尺寸为450×500，绘图比例为1∶50。

(2) 用八人方桌布置小餐厅，其中方桌边长为1200，椅子尺寸为450×500，绘图比例为1∶50。

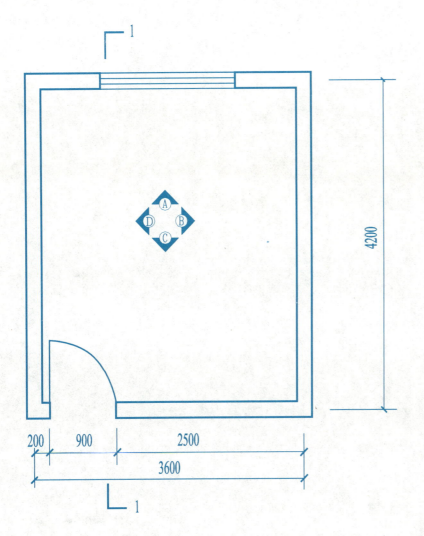

小餐厅建筑平面图 1∶50

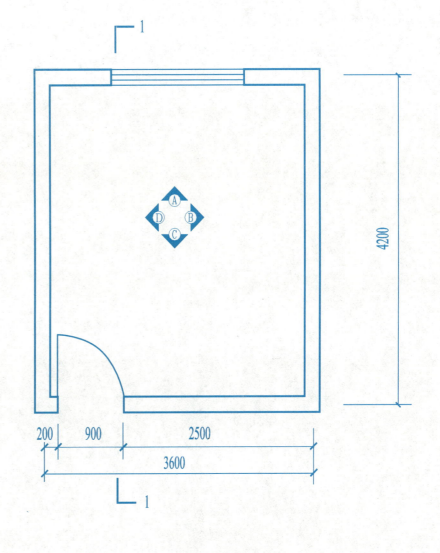

小餐厅建筑平面图 1∶50

| 11.室内装饰工程图 | 专业班级 | 姓名 | 学号 | 日期 | 成绩 |

11.2 室内地面铺装图

(1) 用 600×600 的地砖填充小餐厅地面,其中边带宽为 150,绘图比例为 1∶50。

(2) 用木地板填充小餐厅地面。木地板尺寸为 150×1000,绘图比例为 1∶50。

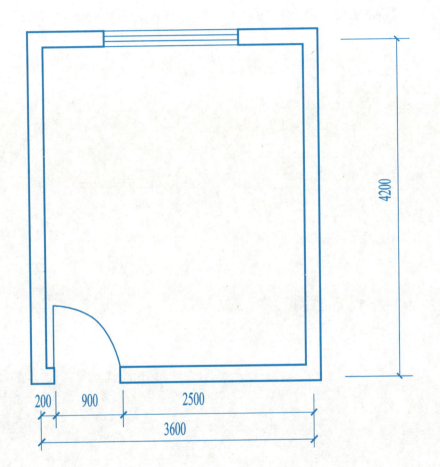

小餐厅地面铺装图 1∶50

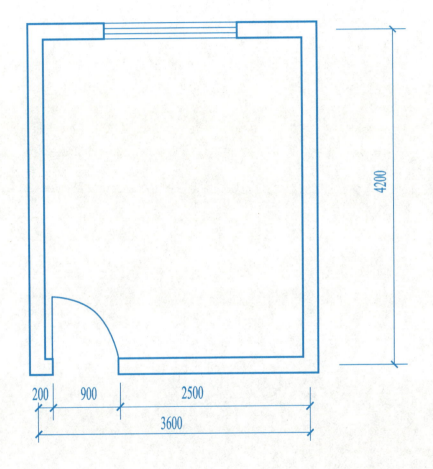

小餐厅地面铺装图 1∶50

11. 室内装饰工程图

| 专业班级 | 姓名 | 学号 | 日期 | 成绩 |

11.3 室内顶棚平面图

(1) 用 1∶50 的比例以平顶的方式设计小餐厅顶棚，要求有具体的标高标注、尺寸标注及文字说明。其中灯具的形状、尺寸自己选定(注：层高为 3m)。

(2) 用 1∶50 的比例设计有凹凸变化的小餐厅顶棚，要求有具体的标高标注、尺寸标注及文字说明，其中灯具的形状、尺寸自己选定(注：层高为 3m)。

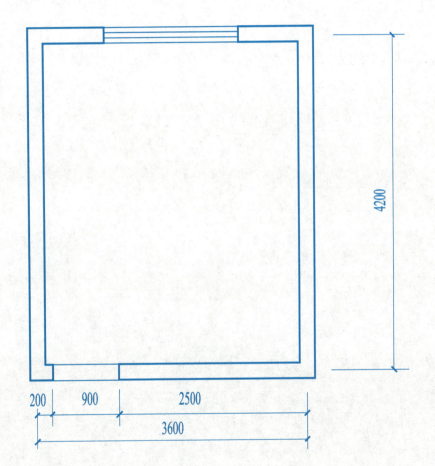

小餐厅顶棚平面图 1∶50

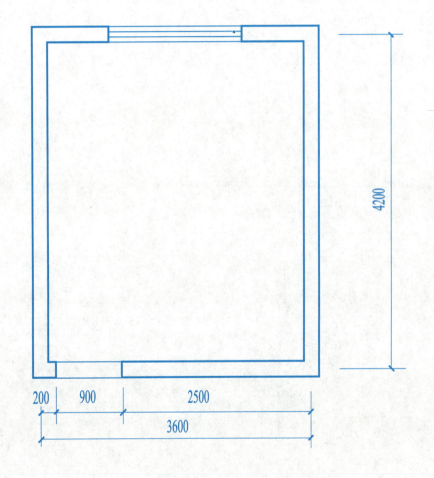

小餐厅顶棚平面图 1∶50

| 11.室内装饰工程图 | 专业班级 | 姓名 | 学号 | 日期 | 成绩 |

11.4 室内立面图

(1) 用1∶50的比例设计顶棚为平顶状态下的 A 立面图。要求有尺寸标注及文字说明,层高为3 m,依据平面图中符号指向画 A 立面图。

(2) 用1∶50的比例绘制顶棚有凹凸变化状态下的 B 立面图。要求有尺寸标注及文字说明,层高为3m,依据平面图中的符号指向画 B 立面图。

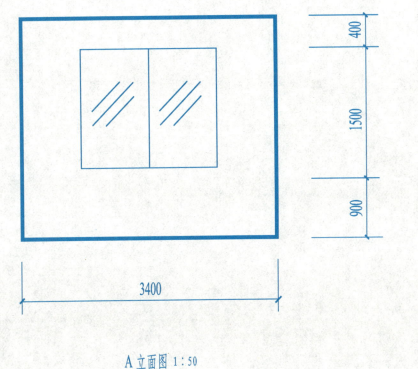

A 立面图 1∶50

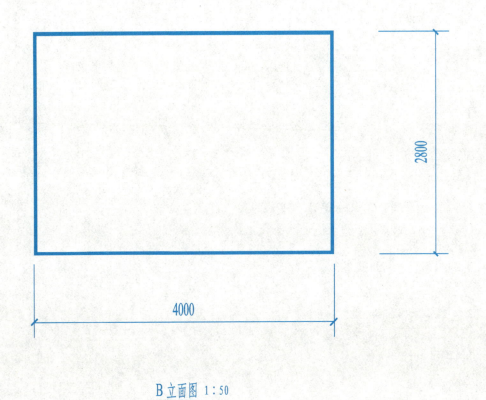

B 立面图 1∶50

| 11.室内装饰工程图 | 专业班级 | 姓名 | 学号 | 日期 | 成绩 |

11.5 室内剖面图及剖立面图

(1) 用 1∶50 的比例设计顶棚有凹凸变化状态下的 1-1 剖面图。要求有尺寸标注及文字说明,层高为 3m,依据平面图中的符号指向画 1-1 剖面图。

(2) 用 1∶50 的比例设计顶棚有凹凸变化状态下的小餐厅 C 剖立面图。要求有尺寸标注及文字说明,层高为 3m,依据平面图中的符号指向画 C 剖立面图。

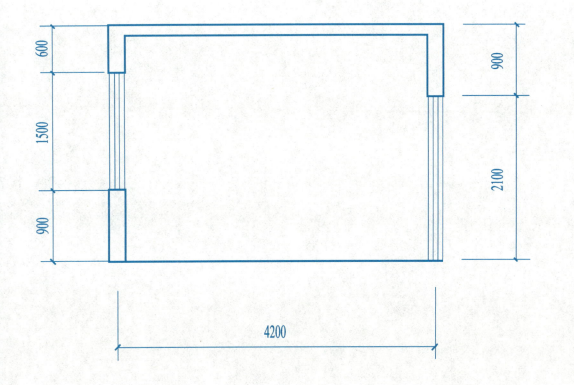

1-1 剖面图 1∶50

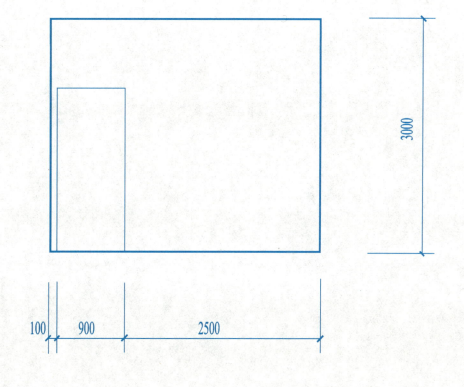

C 剖立面图 1∶50

11. 室内装饰工程图

11.6 室内详图

(1) 用1:10的比例绘制下列墙面的构造详图。

(2) 用1:20的比例绘制下列顶棚构造详图。

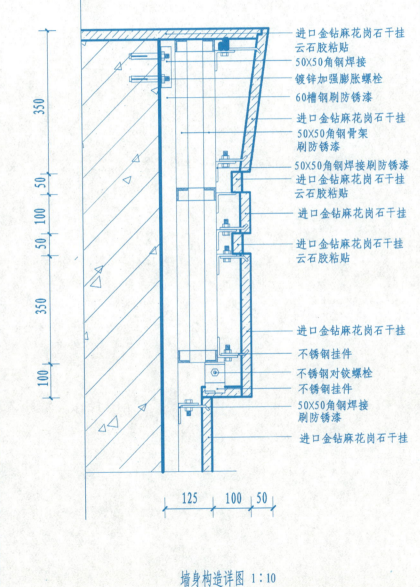

墙身构造详图 1:10

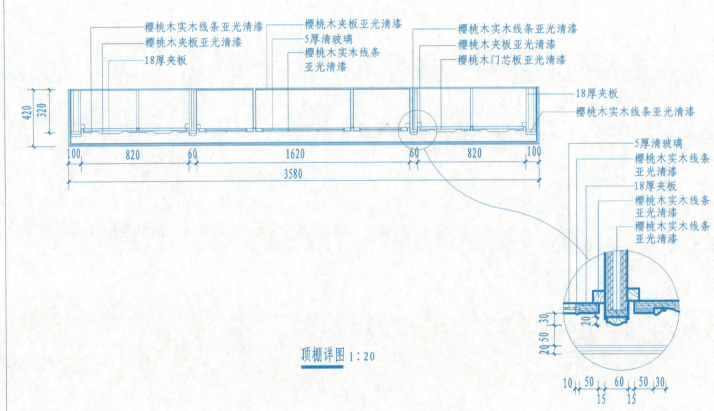

顶棚详图 1:20

11. 室内装饰工程图

11.7 课程设计：某住宅室内方案图设计

设计要求：

(1) 根据已知某住宅平面图进行室内方案图设计（层高为3m）。

(2) 设计内容：室内平面图、室内地面铺装图、室内顶棚平面图、客厅四个立面图、电视墙详图、客厅效果图、方案图设计说明等。

(3) 技术要求：1) 用A2图纸，1:50的比例绘制。
2) 要求平面布局合理、线型分明、表达正确。
3) 应进行封面设计及装帧。

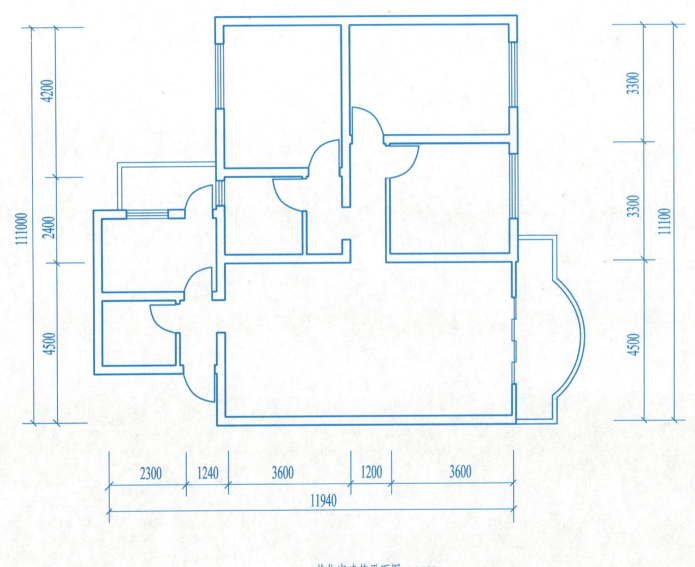

某住宅建筑平面图 1:100

| 12.建筑给水排水工程图 | 专业班级 | 姓名 | 学号 | 日期 | 成绩 |

(1) 根据管道的平、立面图,用1∶1的比例在指定位置处画出管道的轴测图,尺寸在图上量取。

(2) 根据管道的平面图和标高,在指定的位置处画出管道的轴测图(X、Y方向的尺寸在图上量取,Z方向按1∶50的比例在指定的位置处画出)。

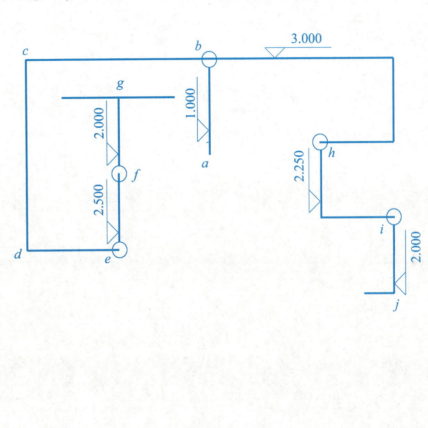

| 12.建筑给水排水工程图 | 专业班级 | 姓名 | 学号 | 日期 | 成绩 |

(3)识读室内给水排水平面图和轴测图。

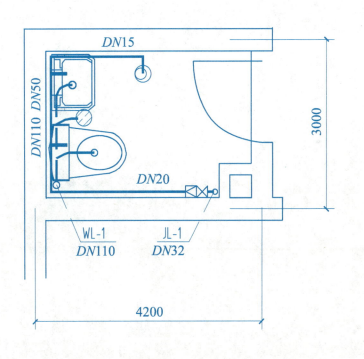

管道平面图

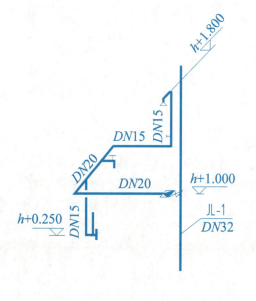

给水轴测图

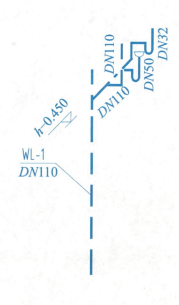

排水轴测图

| 13.电气工程图 | 专业班级 | | 姓名 | | 学号 | | 日期 | | 成绩 | |

(1) 绘制电气图时,对图面的布局有何要求?

(2) 建筑电气工程图按其工程项目的不同分为哪些工程图?

(3) 照明工程图的特点是什么?

(4) 说明开关及熔断器中各符号:$a\dfrac{b}{c/i}$ 或 a-b-c/i 的含义。

(5) 说明配电导线中各符号:a(b×c)d-e 的含义。

(6) 说明照明灯具中各符号:$a\text{-}b\dfrac{c \times d \times L}{e}f$ 的含义。

(7) 说明导线中各符号:BV、BVV、BLX 的含义。

(8) 照明工程图的阅读顺序和方式如何?

(9) 参照教材图 13-18,画出标准层照明平面示意图。

(10) 试述 BV-500-4×35G40-FC 中每个字符的含义。

13. 电气工程图

(11) 阅读一层电气平面图，简述其电气布置情况。

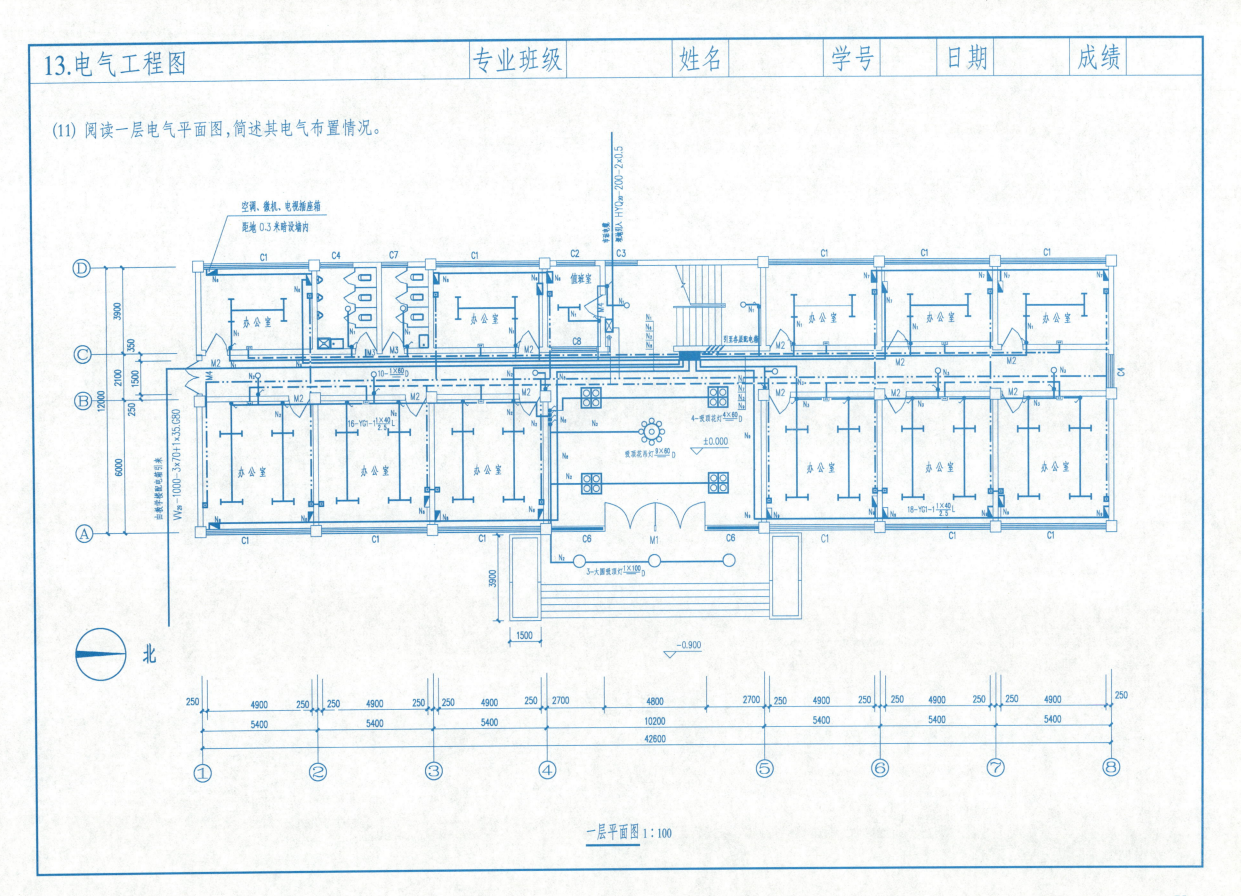

一层平面图 1:100

13. 电气工程图

(12) 阅读标准层电气平面图,简述其电气布置情况。

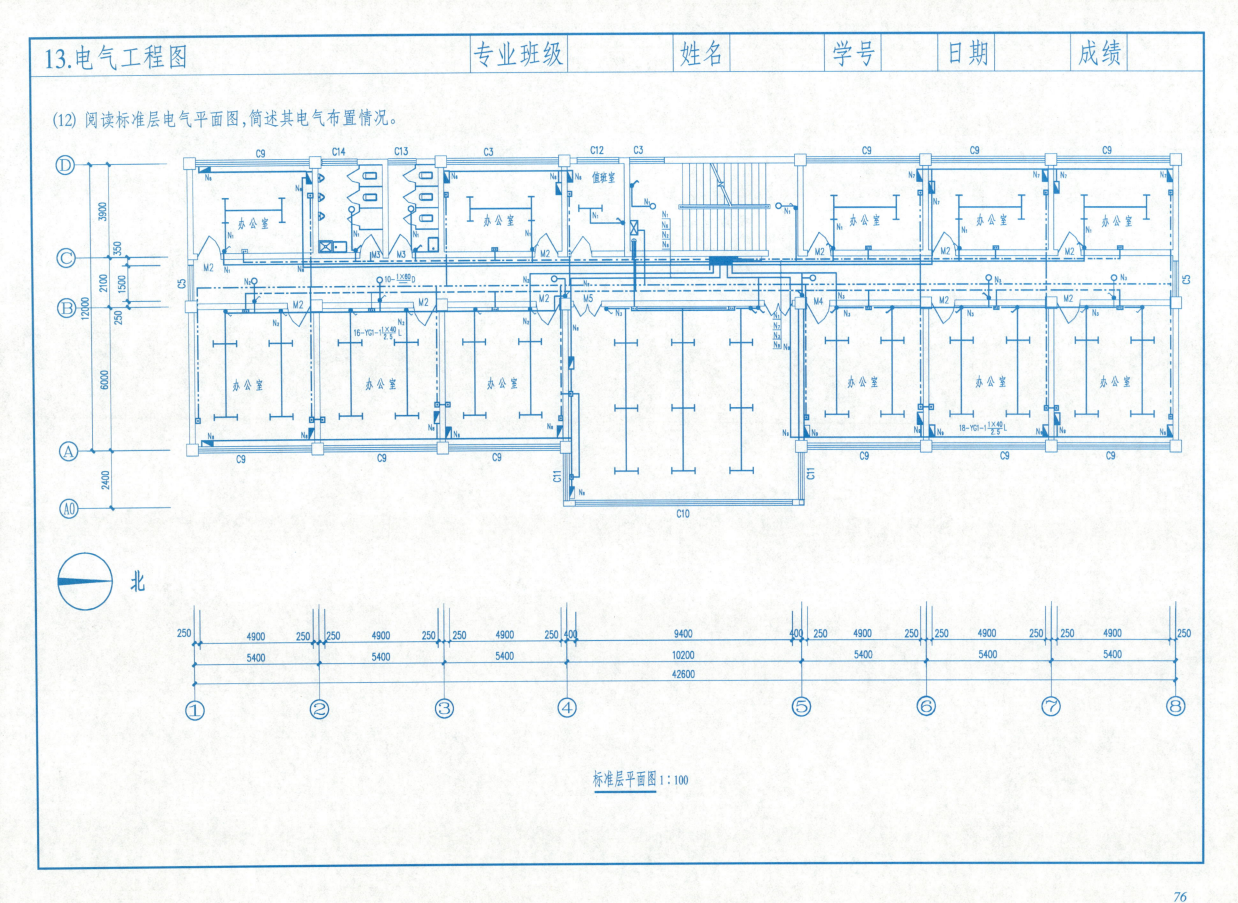

标准层平面图 1:100

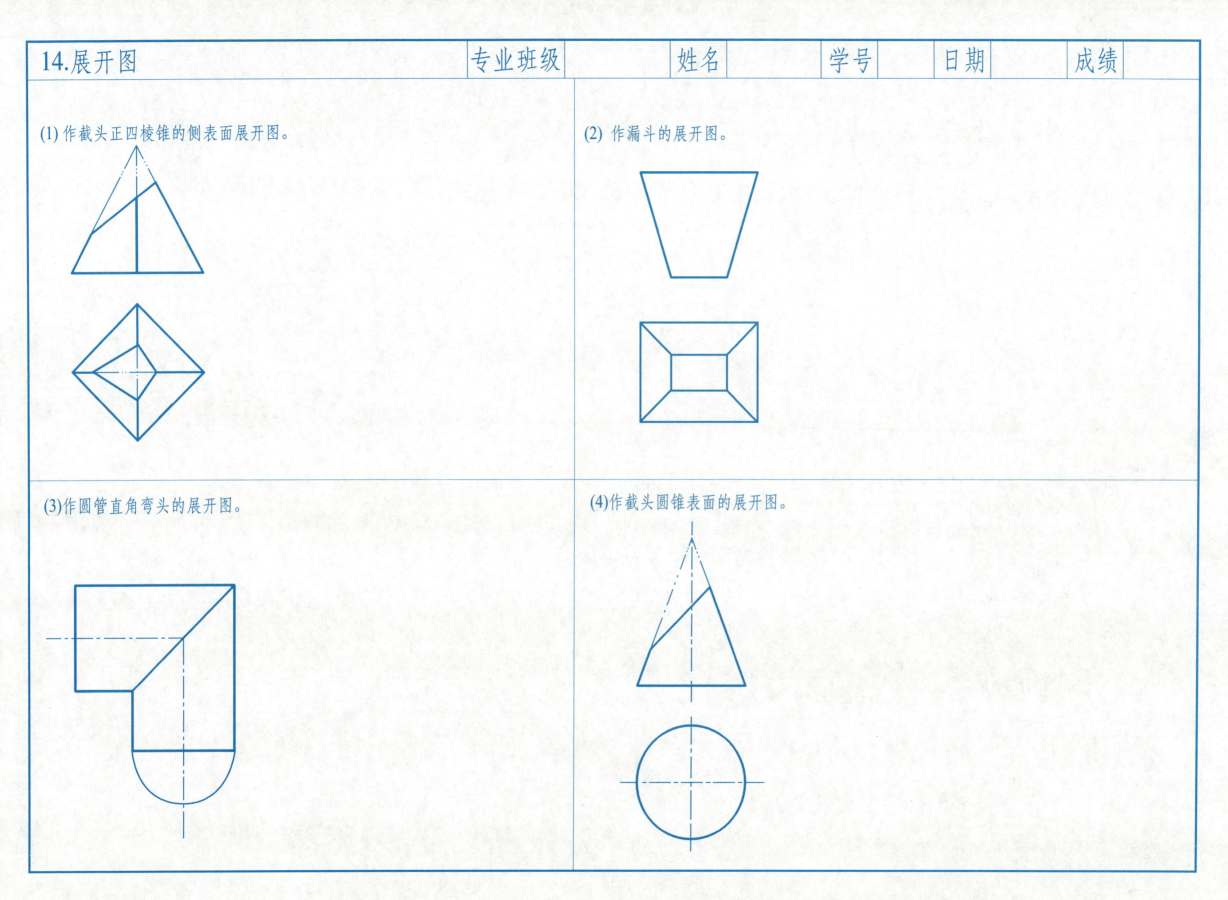

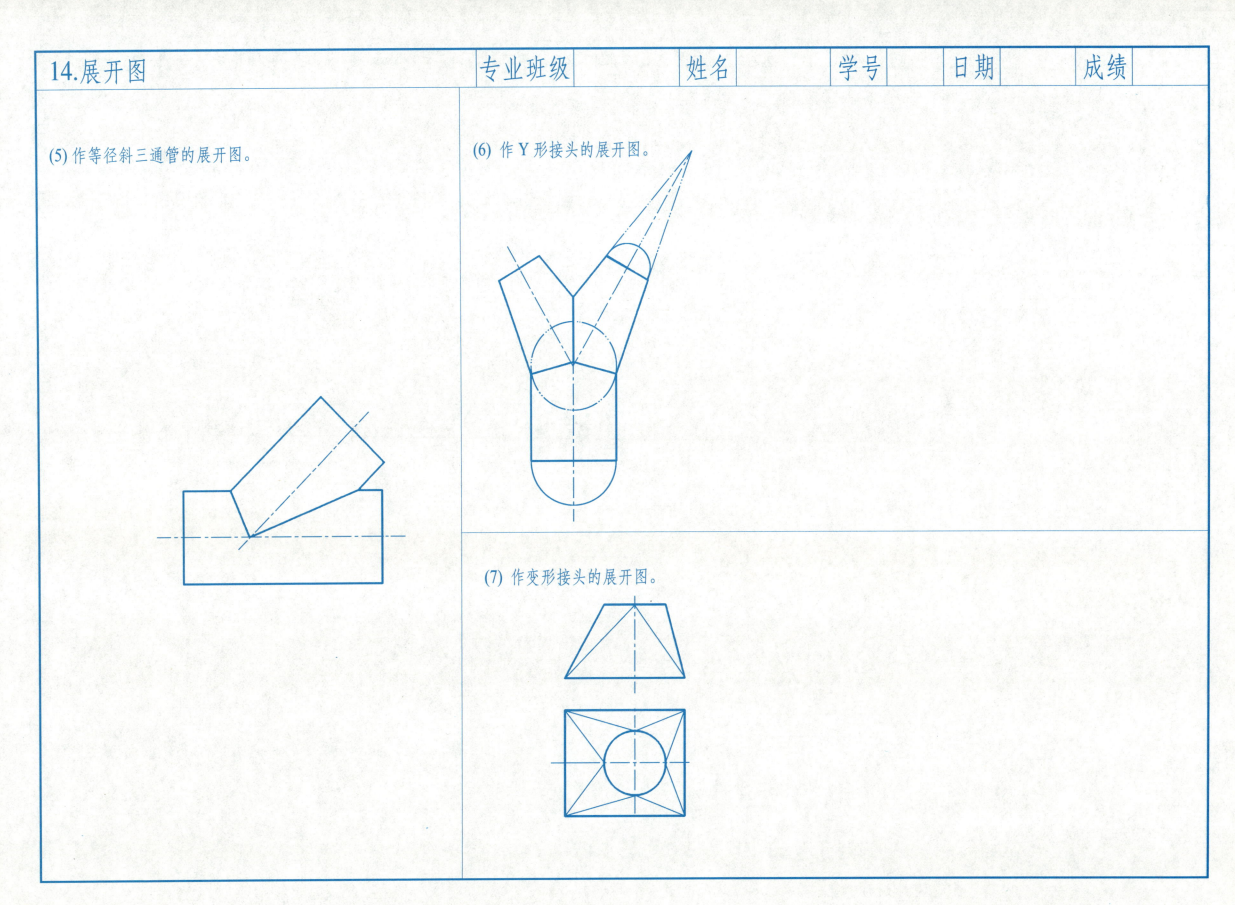

| 15. 标高投影 | 专业班级 | 姓名 | 学号 | 日期 | 成绩 |

15.1 点、直线、平面的标高投影

(1) 求直线的坡度、平距及整数标高点。

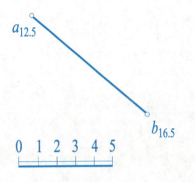

(2) 求直线上点 C 的标高。

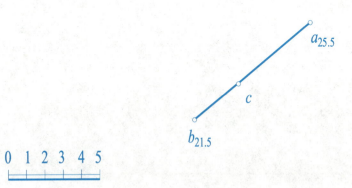

(3) 分别作出平面 P、Q 的等高线。

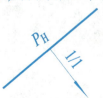

(4) 已知平面上的直线 AB 和平面的坡度，求作该平面上的等高线和坡度比例尺。

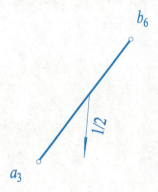

(5) 已知 $\triangle ABC$ 的标高投影，求作平面 ABC 的等高线、最大斜度线和 α 角。

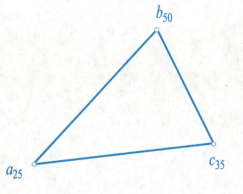

(6) 求作两平面的交线。

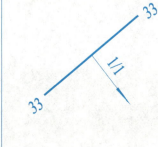
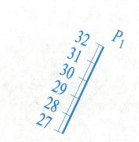

15. 标高投影

15.2 平面及曲面的标高投影

(1) 已知如图,设地面的标高为零,求作斜坡面的边坡与地面、坡与边坡的交线。

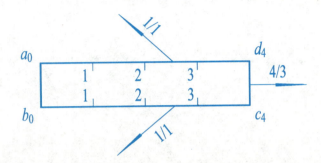

(2) 已知两堤顶的标高和各边坡的坡度,地面标高为零,求作边坡与边坡、边坡与地面的交线。

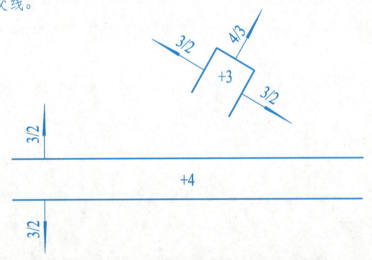

(3) 在河岸上土坝的连接处,作一圆锥面护坡,求作各边坡与边坡、边坡与河底的交线。

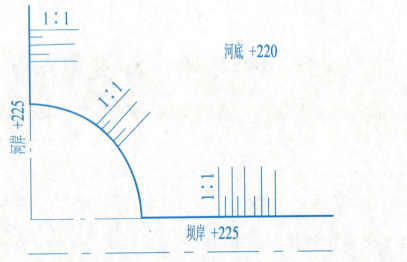

(4) 有一水平道路与一倾斜圆弧形引道相接,路面标高为4,地面标高为0,求作各边坡与边坡、边坡与地面的交线。

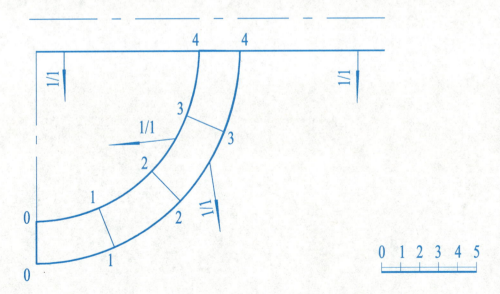

15. 标高投影

15.3 平面、曲面与地形面相交

(1) 求作直线 AB 与地面的交点。

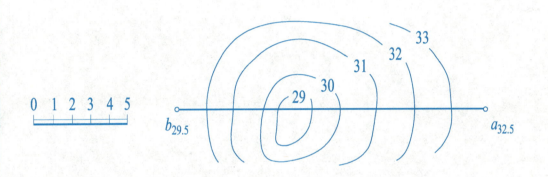

(2) 公路路面标高为 48，挖方边坡坡度为 1/1，填方边坡坡度为 2/3，求公路边坡与地面的交线。

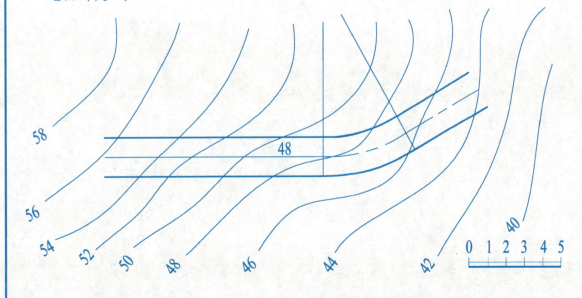

(3) 在山坡上修建一水平广场，广场地面标高为 52，广场平面形状如图，挖方边坡坡度为 1∶1，填方边坡坡度为 2∶3，求作各边坡与边坡、边坡与地面的交线。

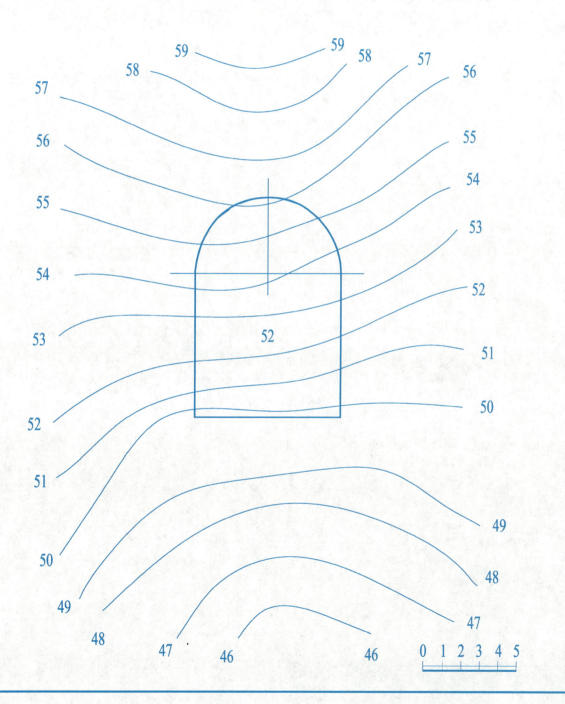

16. 道路、桥隧与涵洞工程图

16.1 看懂已知图,补出需要的图

(1) 已知 U 形桥台的平面图和立面图,作出其半正面图和半背面图。

(2) 阅读正交盖板涵一字墙锥坡洞口图,作出除去填土后的 1-1 剖面图、2-2 断面图。

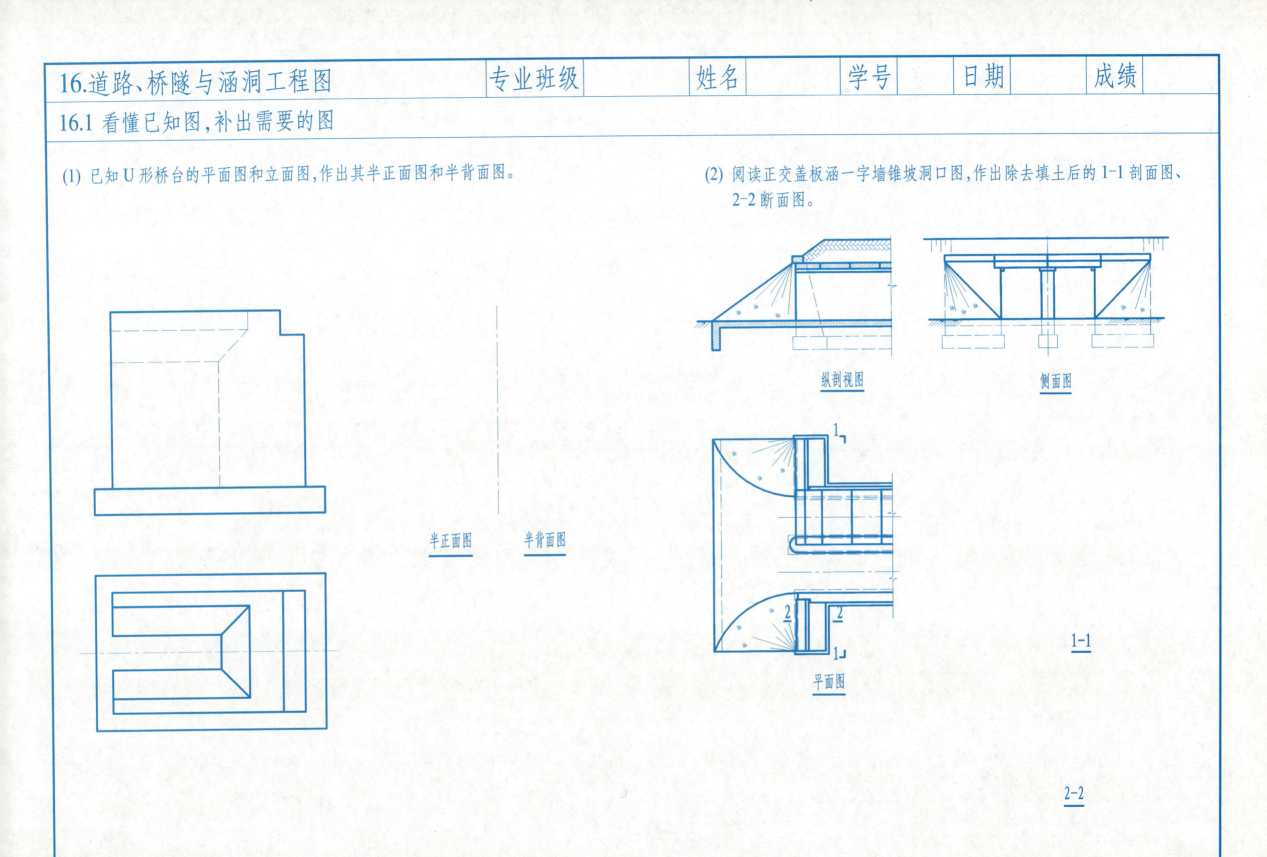

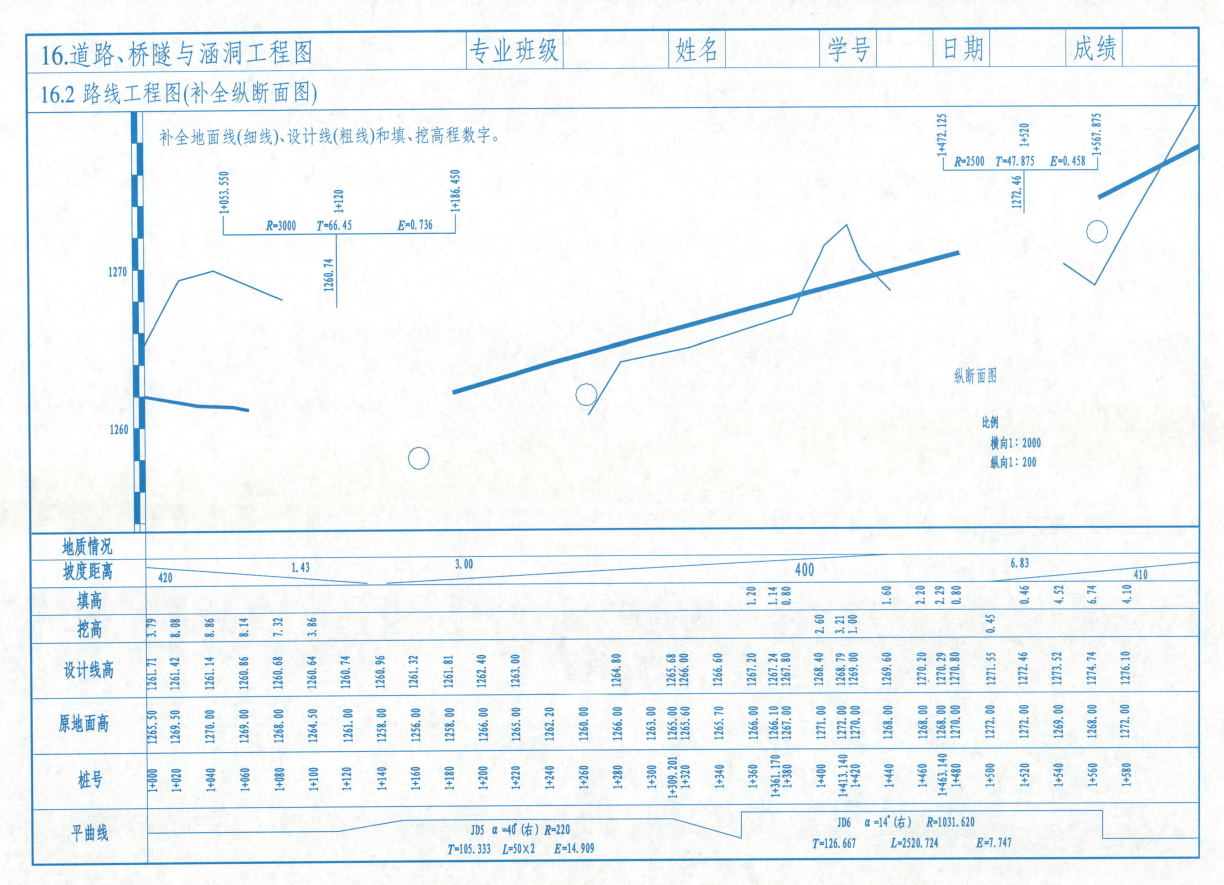

| 16.道路、桥隧与涵洞工程图 | 专业班级 | 姓名 | 学号 | 日期 | 成绩 |

16.3 桥梁总体布置图

作业指示书

一、目的

(1) 熟悉桥梁布置图的内容和绘制要求。
(2) 掌握绘制桥梁布置图的方法与步骤。

二、内容

抄绘教材上第 16 章图 16-13 桥总体布置图。

三、要求

(1) 图纸:用透明描图纸 A2 图幅,图标格式与前面作业相同。
(2) 图名:桥梁总体布置图。
(3) 比例:平面图及立面图 1∶1000,剖面图(A-A)1∶200。
(4) 线型:河床线 0.5~0.7mm,其他可见轮廓线 0.25~0.35mm,栏杆、支座、尺寸线等 0.18~0.25mm。
(5) 字体与符号:
  图名汉字 7 号,拉丁字母和比例数字 3.5 号,尺寸数字 3.5 号,其余汉字 5 号。
  图纸标题栏中校名、图名 7 号,其余汉字 5 号。

四、说明

按 A2 图幅规格,用 H 铅笔先画图框、图标的稿线,按图形比例占位大小布置图纸图幅,考虑标注尺寸和文字说明的位置。

栏杆扶手在立面图中可省,图中因比例太小不易表现清楚时,可适当夸大比例画出,部分图形不清楚,可以参考教材其他图或其他资料图。

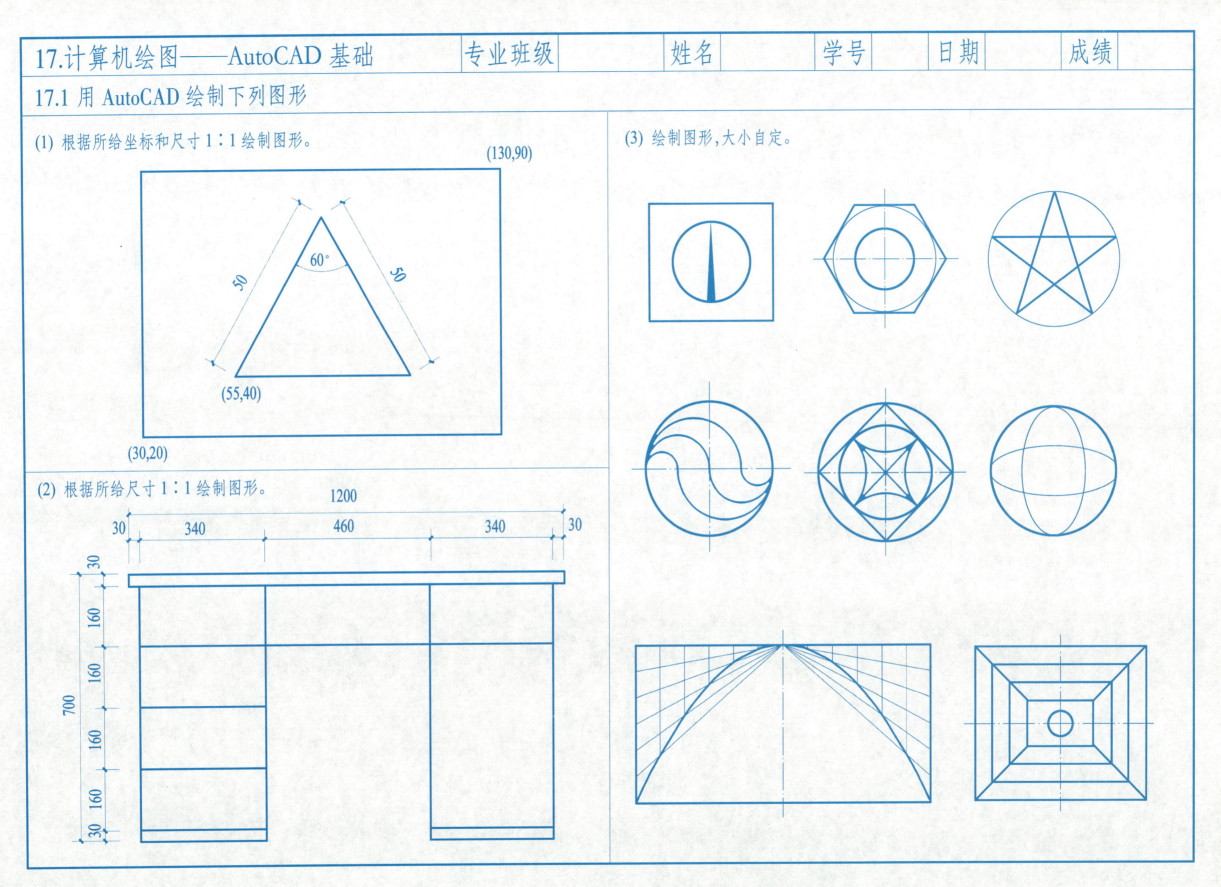

| 17.计算机绘图——AutoCAD 基础 | 专业班级 | 姓名 | 学号 | 日期 | 成绩 |

17.2 用 AutoCAD 的有关命令绘制下列图形

(1) 绘制图形，大小自定。

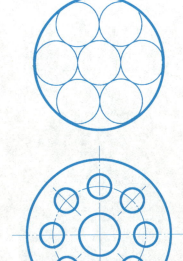
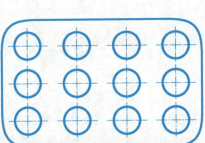

(2) 绘制门立面图，大小自定。

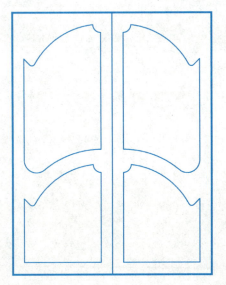

(3) 绘制吊灯，大小自定。

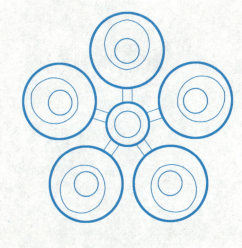

(4) 根据所给尺寸 1∶1 绘制图形。

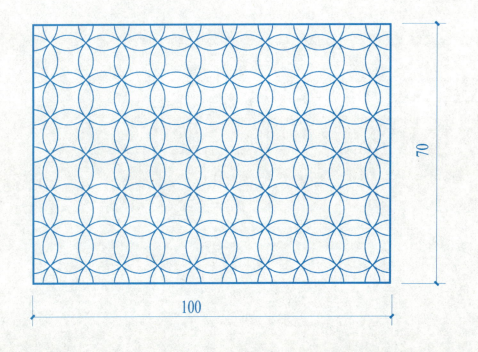

86

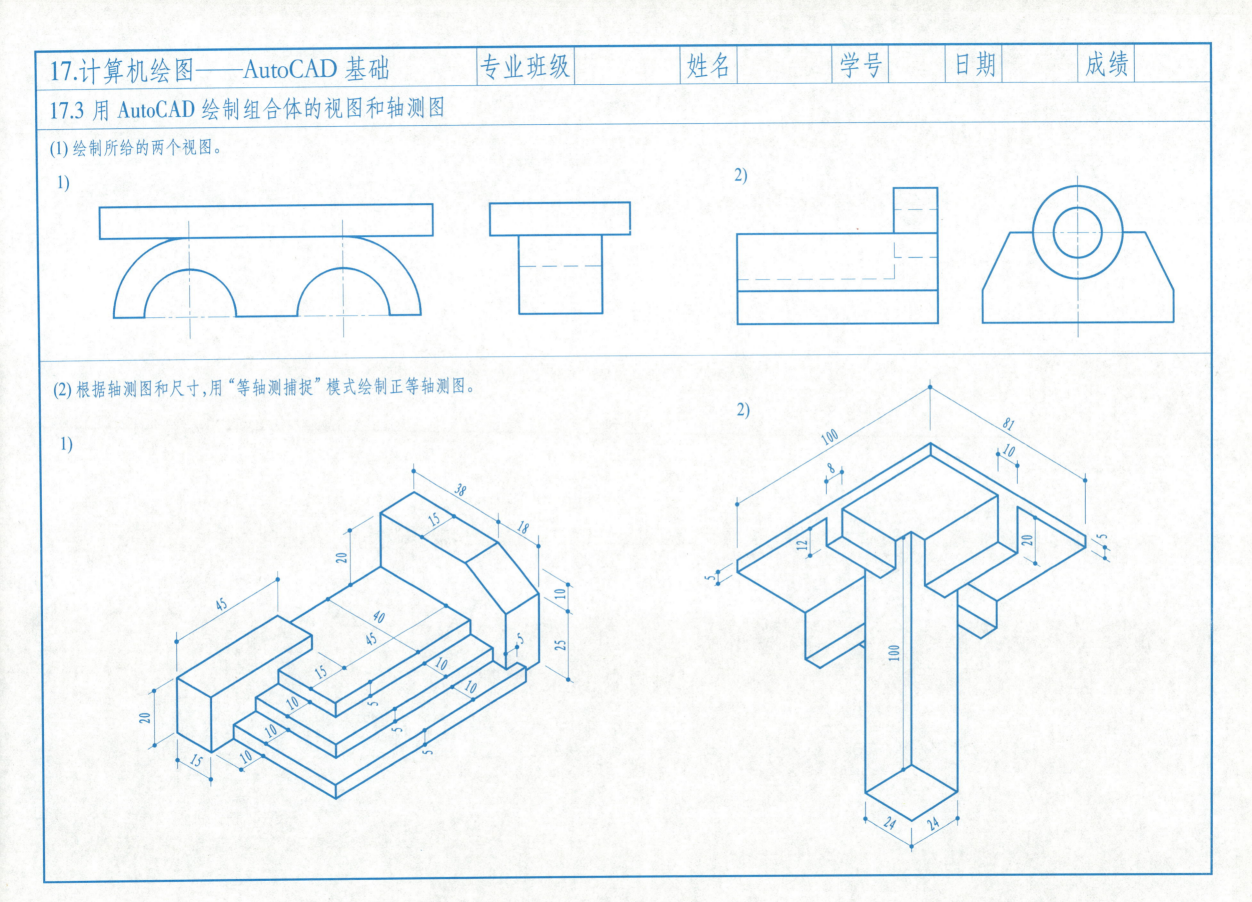

17. 计算机绘图——AutoCAD 基础

17.4 根据尺寸，用 AutoCAD 1:1 绘制下列图形

(1) 绘制所给的两个视图并标注尺寸。

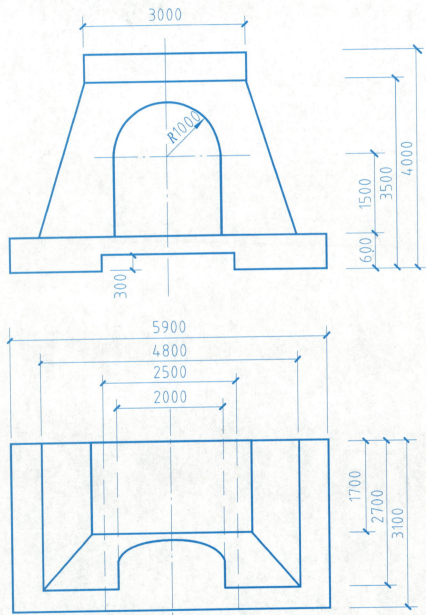

(2) 绘制建筑平面图，并标注尺寸。

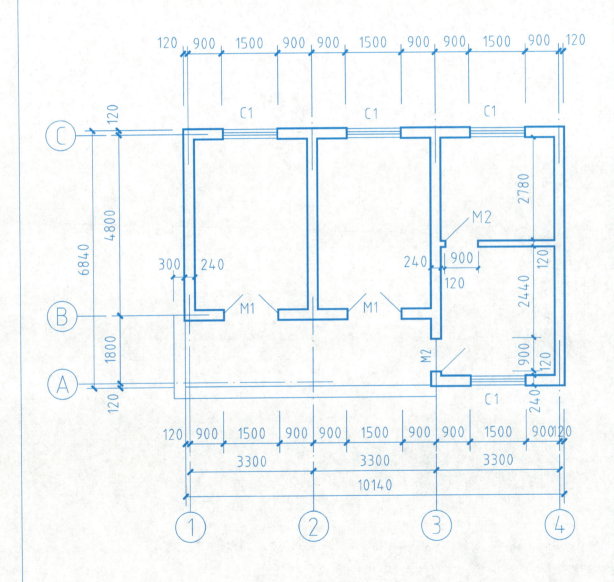

| 17.计算机绘图——AutoCAD 基础 | 专业班级 | 姓名 | 学号 | 日期 | 成绩 |

17.5 用 AutoCAD 命令进行图层设置、图案填充、文字和尺寸标注

(1) 设置图层和线型、绘制 A3 图框、标题栏、五角星,并填写标题栏文字。

(3) 绘制楼梯平面图,并标注尺寸。

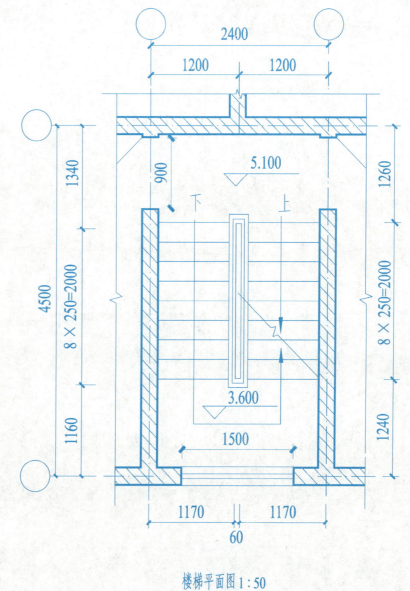

楼梯平面图 1:50

(2) 绘制图形,完成图案填充,并标注标高。

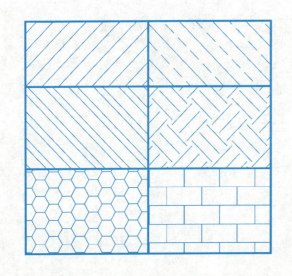
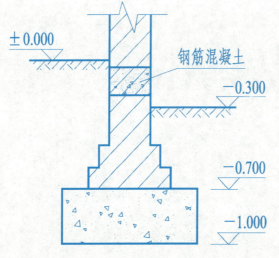

| 17.计算机绘图——AutoCAD 基础 | 专业班级 | 姓名 | 学号 | 日期 | 成绩 |

17.6 用 AutoCAD 绘制建筑平面图，1：1 绘制，1：100 打印出图，A2 图幅

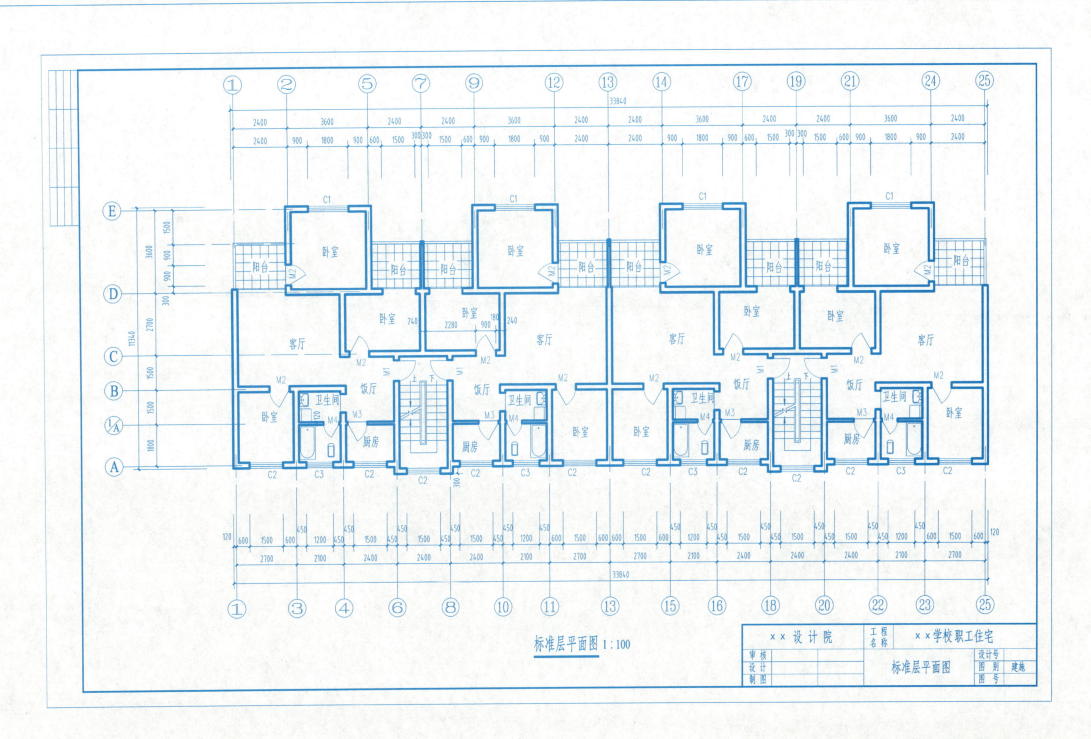

标准层平面图 1:100

| 18.天正建筑软件绘图基础 | 专业班级 | 姓名 | 学号 | 日期 | 成绩 |

18.1 用天正建筑5.0软件绘制住宅底层平面图,出图比例1:100,图幅大小自选

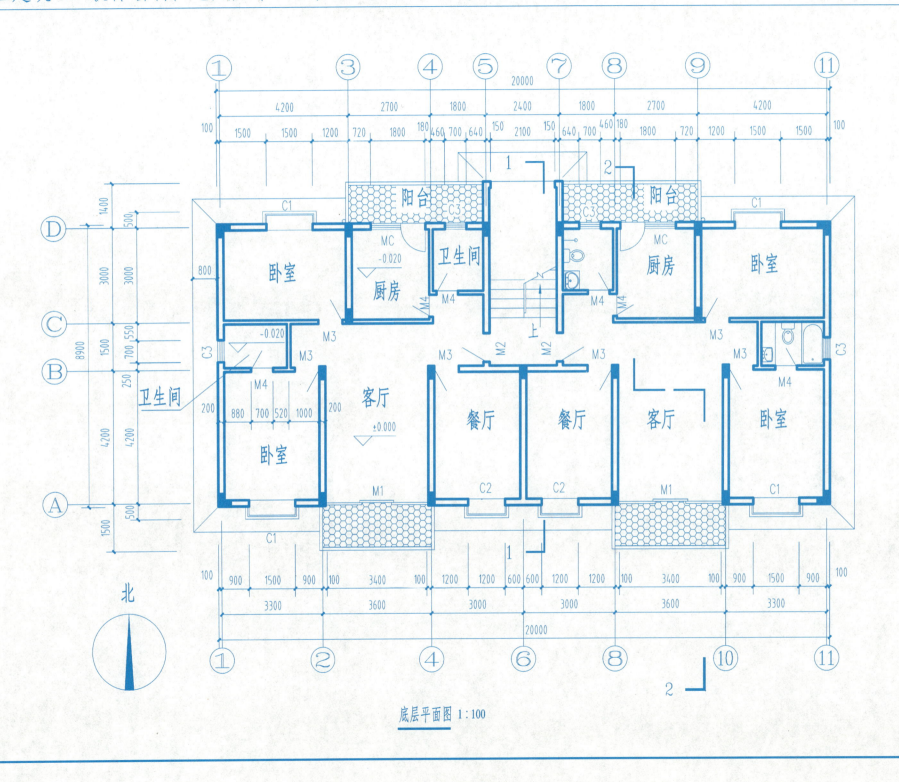

底层平面图 1:100

18. 天正建筑软件绘图基础

18.2 用天正建筑 5.0 软件绘制学生宿舍底层平面图，出图比例 1:100，图幅大小自选

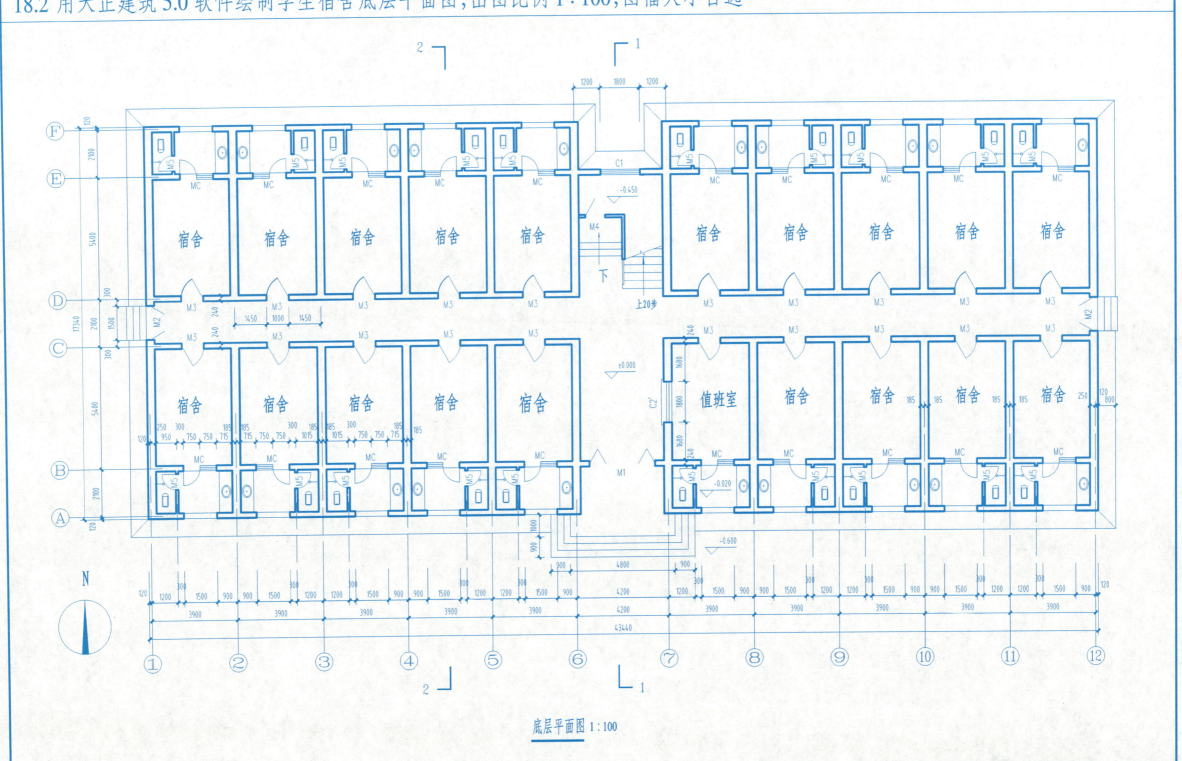

底层平面图 1:100

18. 天正建筑软件绘图基础	专业班级	姓名	学号	日期	成绩

18.3 用天正建筑 5.0 软件绘制学生宿舍 2~5 层平面图,出图比例 1:100,图幅大小自选

2~5层平面图 1:100

| 18.天正建筑软件绘图基础 | 专业班级 | 姓名 | 学号 | 日期 | 成绩 |

18.4 用天正建筑5.0软件绘制学生宿舍①-⑫立面图,出图比例1:100,图幅大小自选

①-⑫立面图 1:100

| 18.天正建筑软件绘图基础 | 专业班级 | 姓名 | 学号 | 日期 | 成绩 |

18.5 用天正建筑 5.0 软件绘制学生宿舍 1-1 和 2-2 剖面图,出图比例 1:100,图幅大小自选

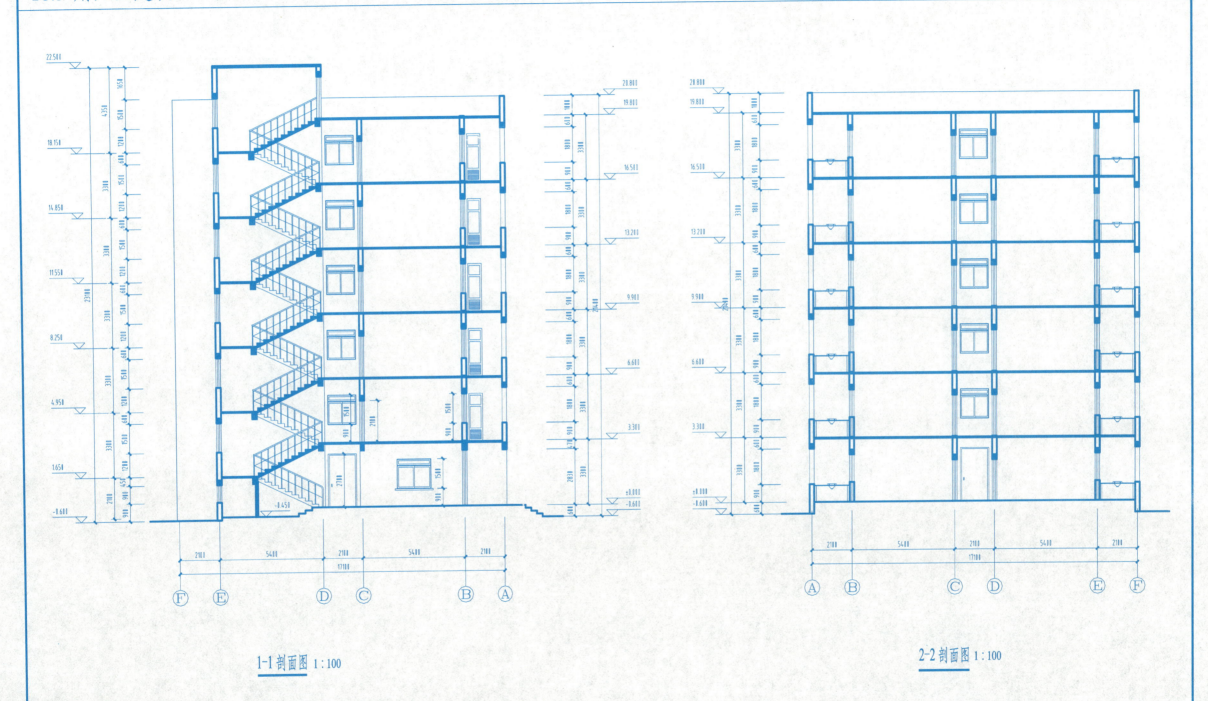

1-1 剖面图 1:100

2-2 剖面图 1:100

附 录

某办公楼建筑施工图和结构施工图

泉 州

建筑设计说明

一、设计依据
　(1) ××公司建财字[××××(年)]×××号文件。
　(2) 甲方建筑设计委托书。
　(3) 国家现行建筑设计规范。

二、建筑面积
　本建筑物占地面积　　　m²,总建筑面积为　　　m²。

三、标高
　本建筑物相对标高±0.000相当于绝对标高251.90m。
　总图布置详见总平面图。

四、防火抗震设计
　防火按《民用建筑设计防火规范》三类建筑,防火等级按三级设计。抗震按六度三级抗震设防。

五、基础
　详见结构施工图。

六、墙体
　各部分墙体厚度和轻质隔墙材料及厚度详见建筑平面图,砌体材料要求详见结构总说明。

七、屋面
　屋面形式及排水坡度详见建筑屋顶平面图,屋面结构层详见结构总说明。
　东边屋面为上人屋面,西边屋面为不上人屋面,均为有组织排水。
　屋面保温防水层:细石混凝土屋面,详《西南J212》(2104a/9)。
　　　　　　　　涂料屋面,二布六涂氯丁胶沥青,详见《西南J212》(2305a/27)。

八、楼地面
　(1) 楼面:普通地砖楼面,详见《西南J312》(3183/18),用于办公室、资料室。
　　　　花岗石楼面,详见《西南J312》(3149/11),用于门厅、楼梯间、会议室、走道。
　　　　陶瓷锦砖面,详见《西南J312》(3192/20),用于卫生间,作0.5%找坡,坡向地漏。
　(2) 地面:底层地面架空,相应部位同楼面。
　　　　花岗石地面,详见《西南J312》(3147a/11),用于门厅前的台阶、平台。

九、墙裙、踢脚板
　(1) 墙裙:1800高卫生瓷砖墙裙,详见《西南J515》(Q07/9),用于卫生间。
　(2) 踢脚板:普通地砖踢脚板,详见《西南J312》(3187/19),用于办公室、资料室。
　　　　　花岗石踢脚板,详见《西南J312》(3153/12),用于门厅、楼梯间、会议室、走道。

十、室内装修
　(1) 顶棚抹灰、粘贴、裱糊、罩面:水泥混合砂浆顶棚,白色乳胶漆罩面,详见《西南J515》(P06/13),用于楼梯间。
　(2) 轻钢龙骨吊顶棚:装饰石膏板吊顶,详见《西南J515》(P18a/15),用于走道及所有房间。
　(3) 内墙抹灰及罩面:所有内墙、柱阳角均做15厚1:3水泥砂浆护墙角,每边宽60,高1800,与内粉刷平齐;水泥混合砂浆面,白色乳胶漆罩面两道,详见《西南J515》(N04/4),用于所有房间。

十一、室外装修
　外墙面各部位的材料、颜色及分格详见建筑立面图。无釉外墙面砖墙面,详见《西南J516》(S407/59)。

十二、门窗安装及油漆
　(1) 木门按《西南J601》选用,一律加贴脸,详见该图,灰白色油漆,详见《西南J312》(3278/40)。
　(2) 铝合金门窗立面尺寸详见建施13,颜色为白铝蓝玻。

十三、楼梯
　(1) 楼梯结构详见结施。
　(2) 楼梯踏面与踢面枫叶红花岗石面层,详见《西南J312》(3149/11)。
　(3) 楼梯防滑条,详见《西南J412》(8/60)。
　(4) 楼梯栏杆,详见建施11。
　(5) 楼梯板底面做法,用1:3水泥砂浆粉平,同内墙抹灰。

十四、室外工程
　(1) 散水坡600宽,详见《西南J812》(2/4)。
　(2) 暗沟,详见《西南J812》(2a/3)。
　(3) 室外台阶,详见《西南J812》(3/3)。
　(4) 花池,详见建施13。

附注
　(1) 凡图纸及说明未详之处,均严格按国家有关规范、规定执行。
　(2) 本工程所有装饰材料、墙身粉刷、油漆等颜色应先做样板、色板,会同设计人员认可后方可施工。

图纸目录

图号	图纸名称	备注
建施 1/14	建筑设计说明、图纸目录、门窗表	
建施 2/14	总平面图	
建施 3/14	底层平面图	
建施 4/14	标准层平面图	
建施 5/14	六层及屋顶平面图	
建施 6/14	屋顶平面图	
建施 7/14	①-⑧立面图	
建施 8/14	⑧-①立面图	
建施 9/14	Ⓐ-Ⓓ立面图,2-2剖面图	
建施 10/14	1-1剖面图	
建施 11/14	楼梯详图	
建施 12/14	卫生间详图、屋顶斜面详图	
建施 13/14	门窗立面示意图、花池详图	
建施 14/14	墙身节点、夹板门详图	

门窗表

类型	设计编号	洞口尺寸	1层	2~5层	6层	合计	图集名称	选用型号	备注
门	M1	4800×3000	1	0	0	1			铝合金弹簧门
	M2	1000×2700	12	12×4	6	66	西南J601	J-1027	全板夹板门
	M3	1000×2700	2	2×4	2	12	西南J601	YJ-1027	百页夹板门
	M4	1800×3500	1	0	0	1			铝合金弹簧门
	M5	1500×2700	0	2×4	0	8	西南J601	J-1527	全板夹板门
窗	C1	4900×3500	11	0	0	11			推拉铝合金窗
	C2	1800×3500	1	0	0	1			推拉铝合金窗
	C3	1500×1800	1	1×4	1	6			推拉铝合金窗
	C4	1500×3500	1	0	0	1			推拉铝合金窗
	C5	1500×2300	1	2×4	0	9			推拉铝合金窗
	C6	2270×3830	2	0	0	2			固定铝合金窗
	C7	1200×2400	1	0	0	1			推拉铝合金窗
	C8	1800×2300	1	0	0	1			推拉铝合金窗
	C9	4900×2300	0	11×4	0	44			推拉铝合金窗
	C10	9400×2300	0	1×4	0	4			推拉铝合金窗
	C11	1980×2300	0	2×4	0	8			推拉铝合金窗
	C12	1800×2300	0	1×4	0	4			推拉铝合金窗
	C13	1200×2300	0	1×4	0	4			推拉铝合金窗
	C14	1500×2300	0	1×4	0	4			推拉铝合金窗
	C15	4900×1500	0	0	5	5			推拉铝合金窗
	C16	1500×1500	0	0	1	1			推拉铝合金窗
	C17	1800×1500	0	0	1	1			推拉铝合金窗
	C18	1200×1500	0	0	1	1			推拉铝合金窗

××设计院	工程名称	重庆××学校××办公楼
审核		设计号
设计	建筑设计说明	图别 建施
制图	图纸目录、门窗表	图号 1/14

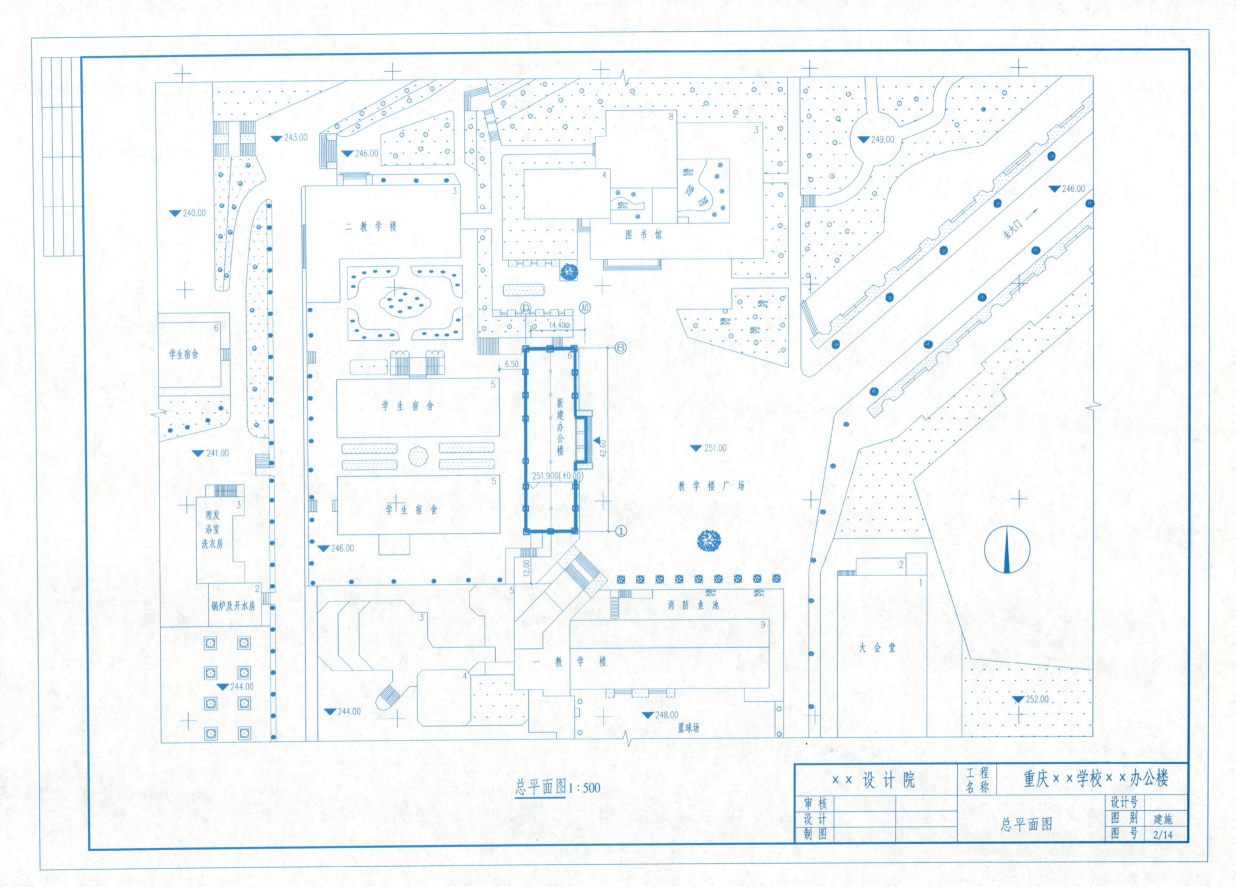

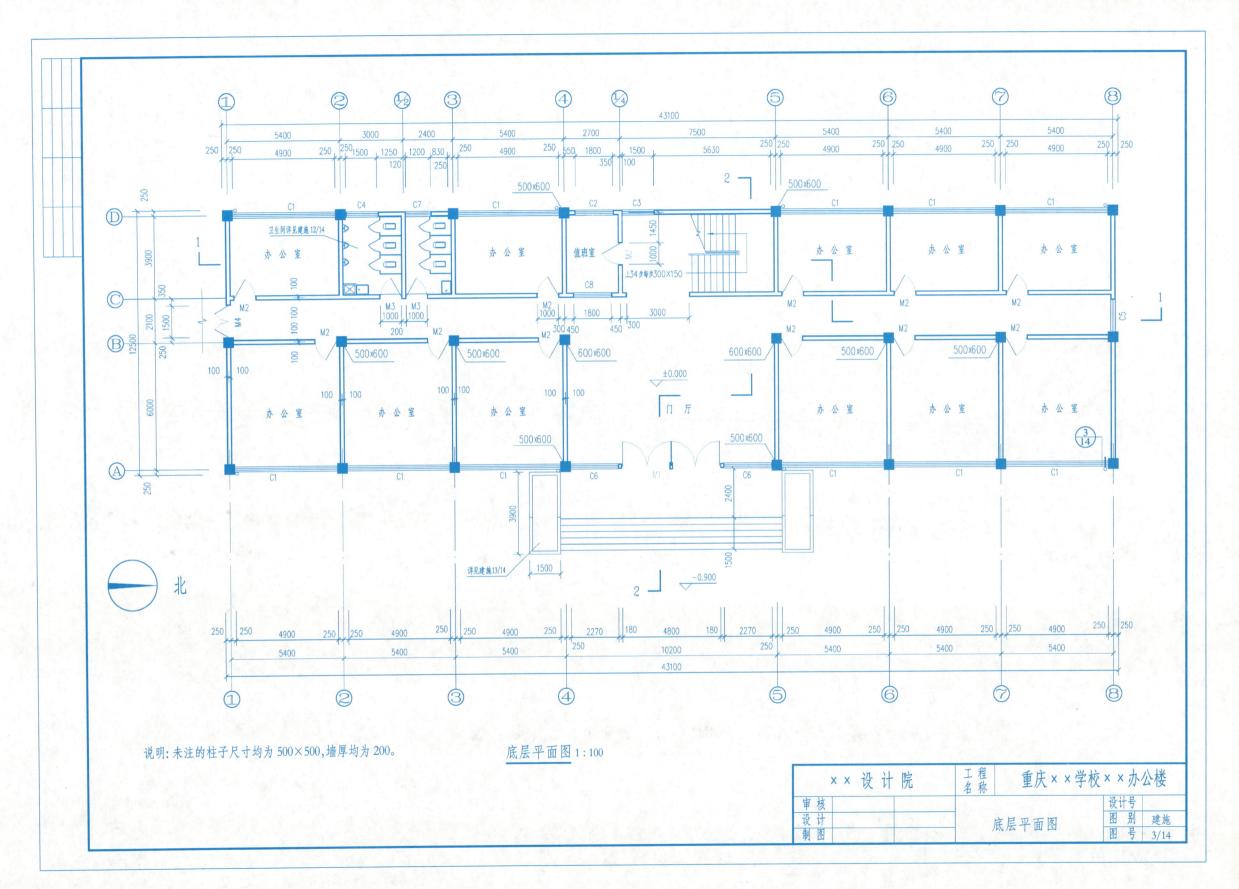

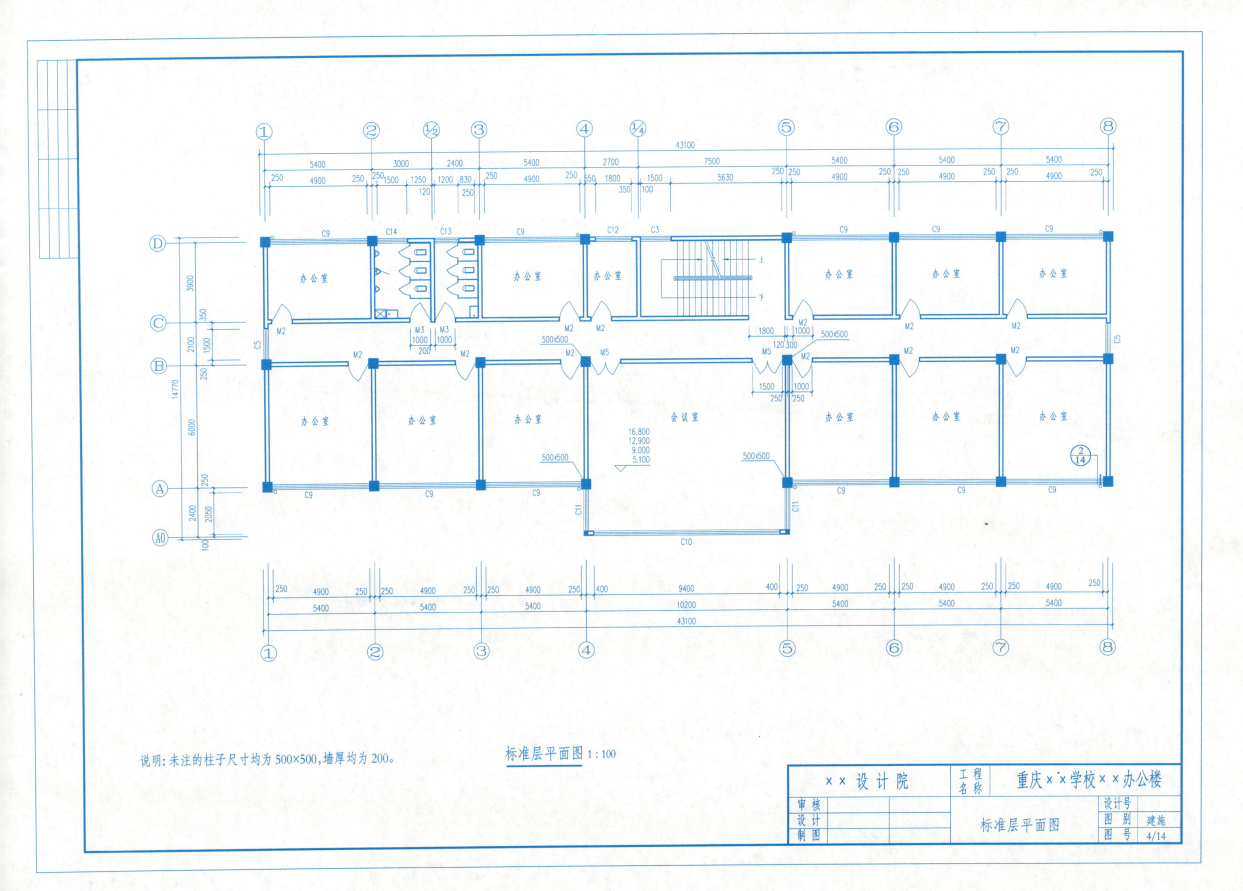

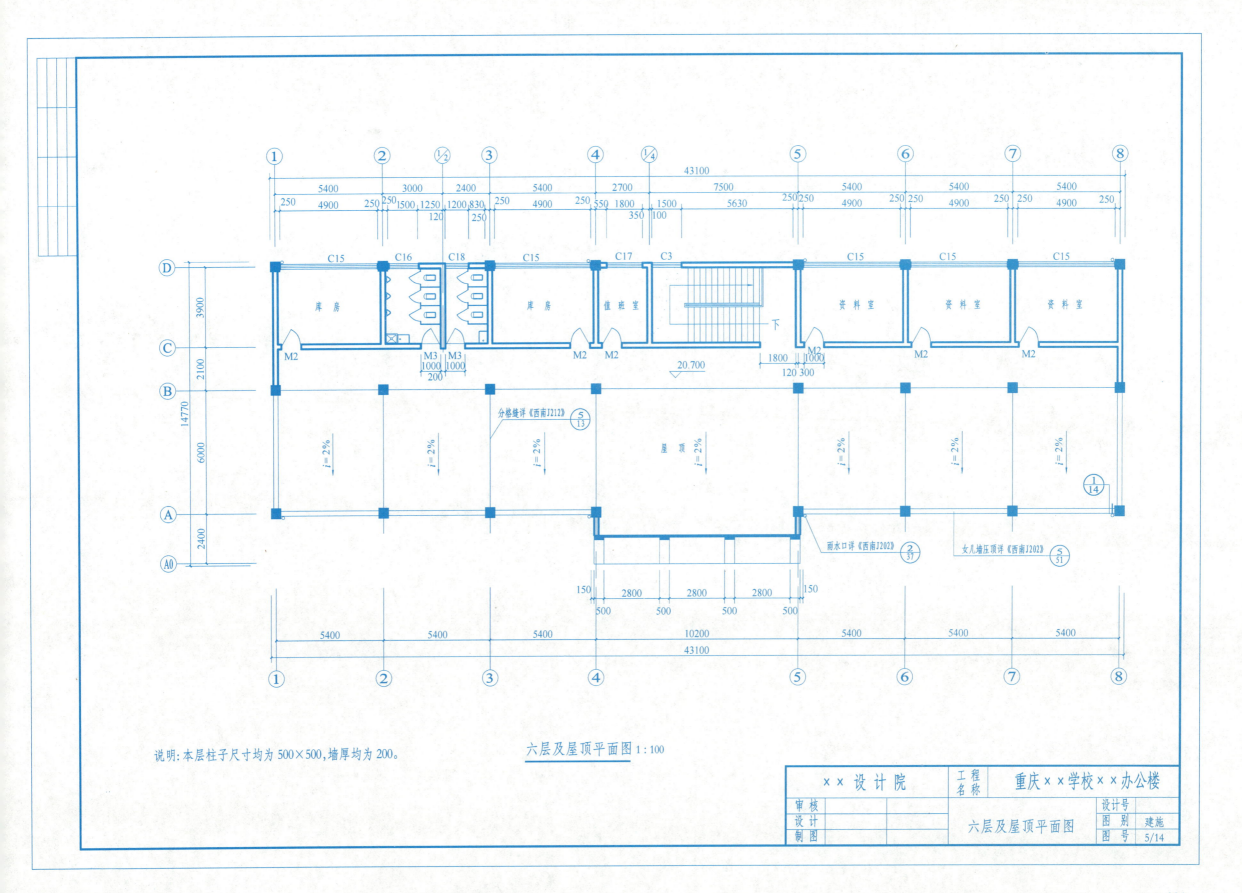

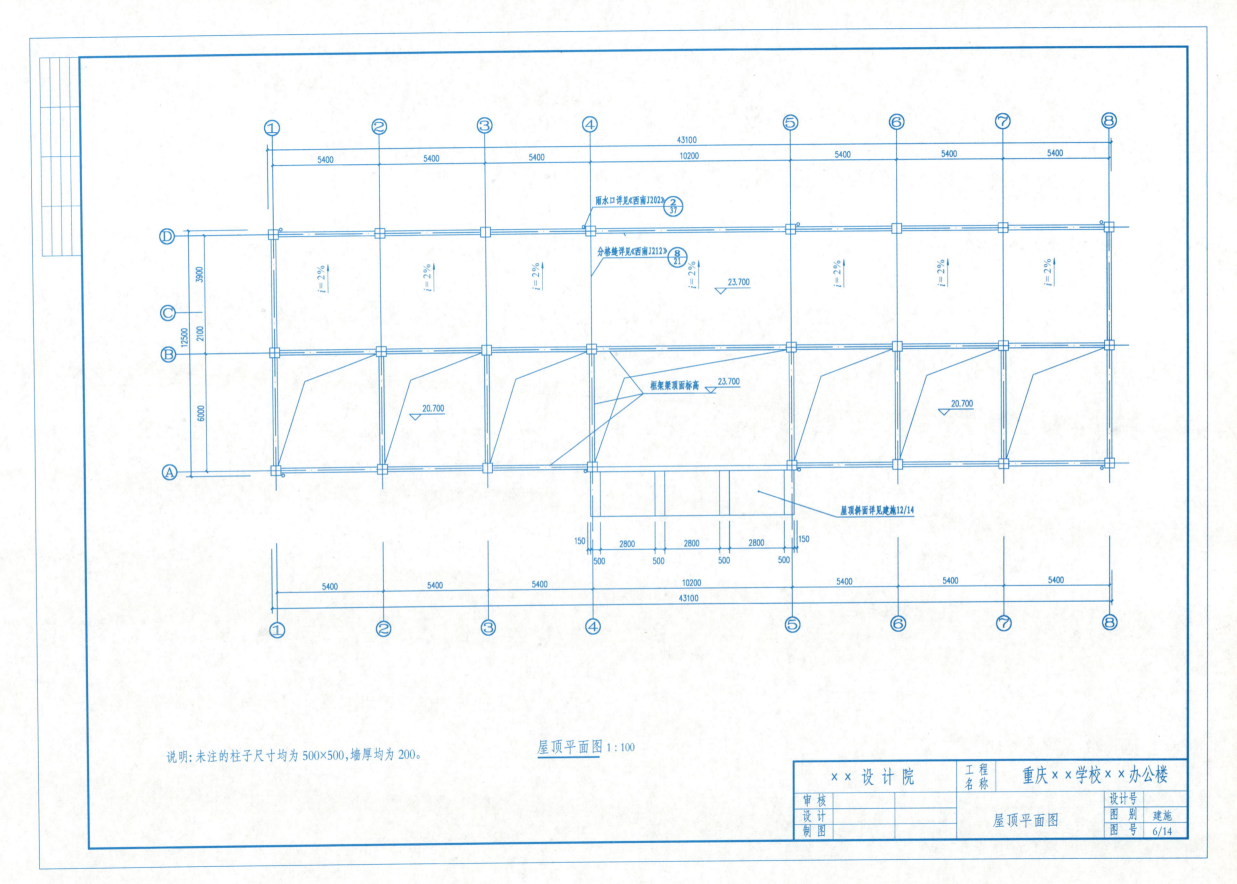

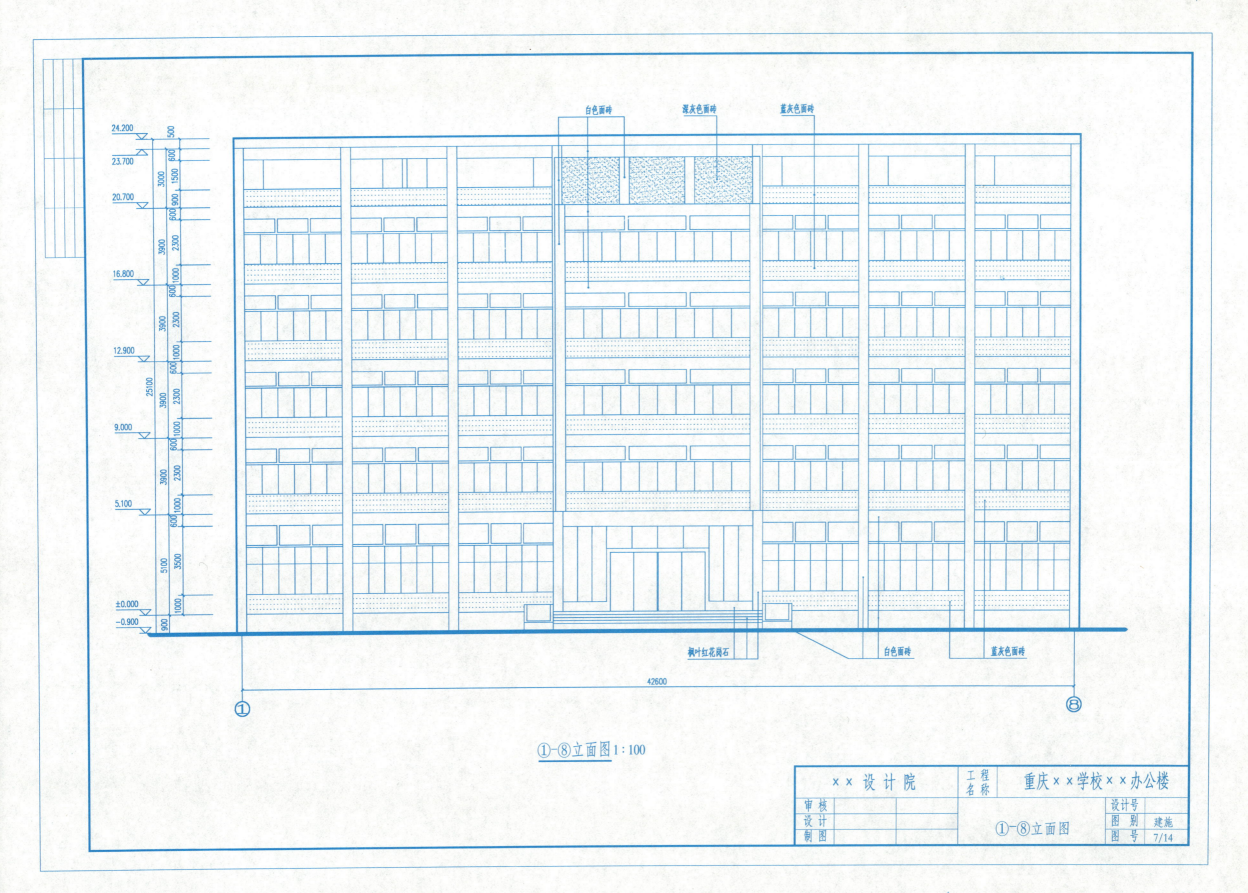

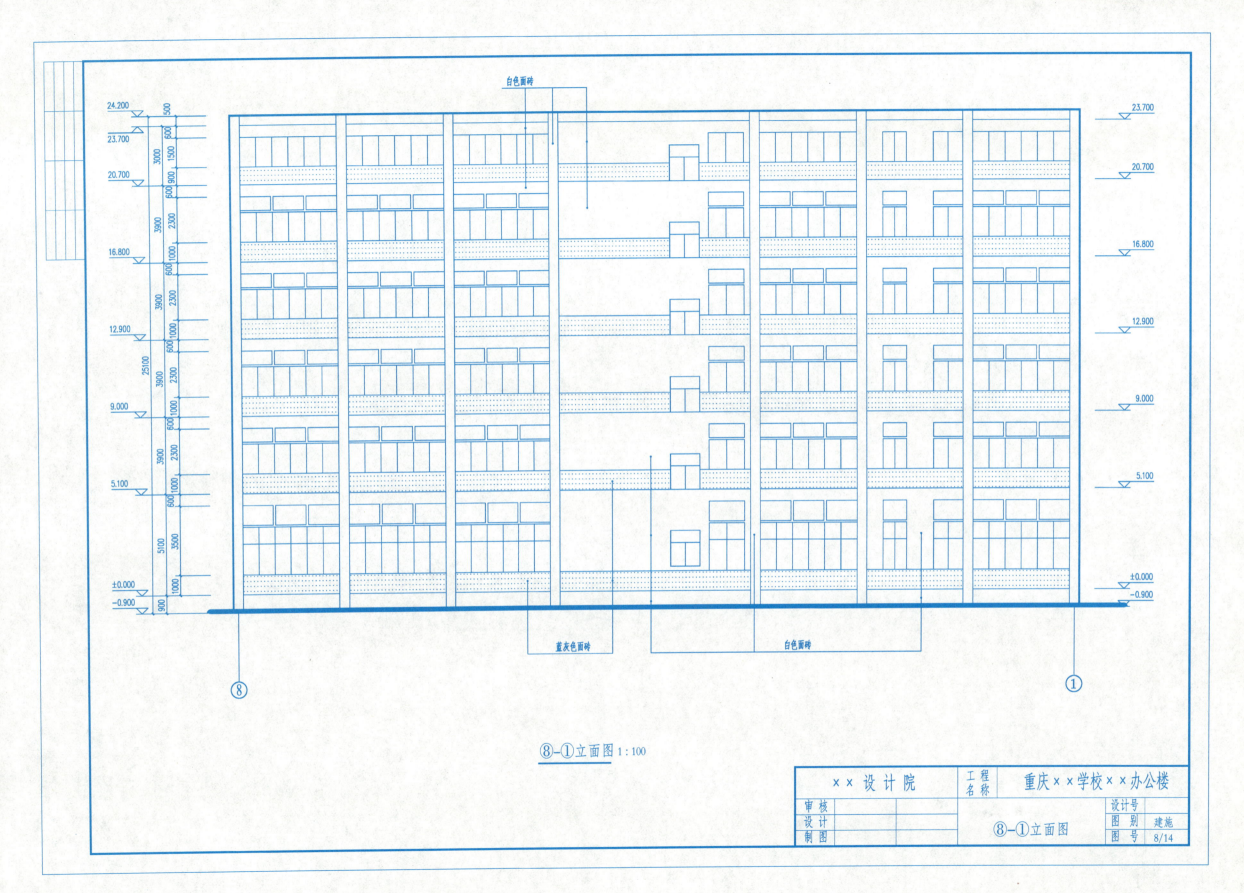

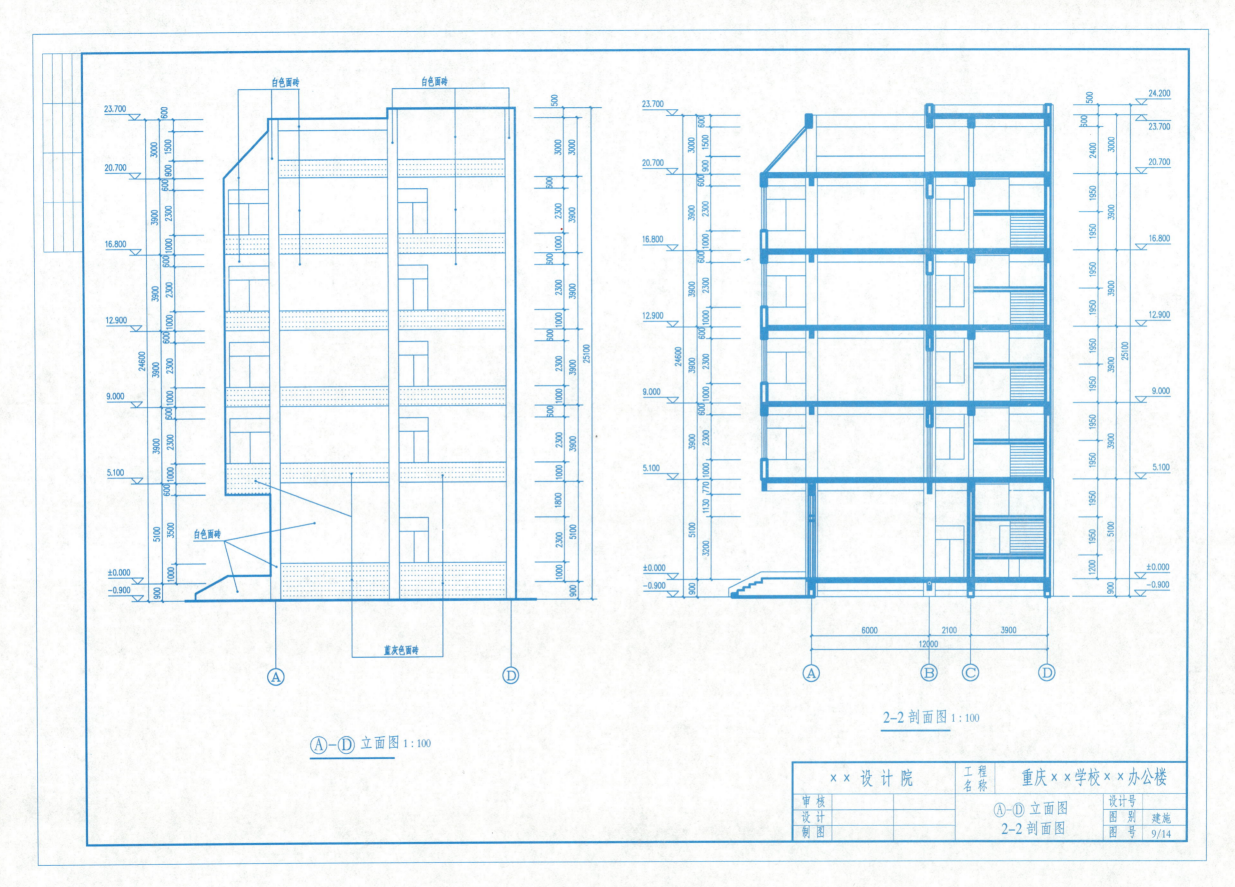

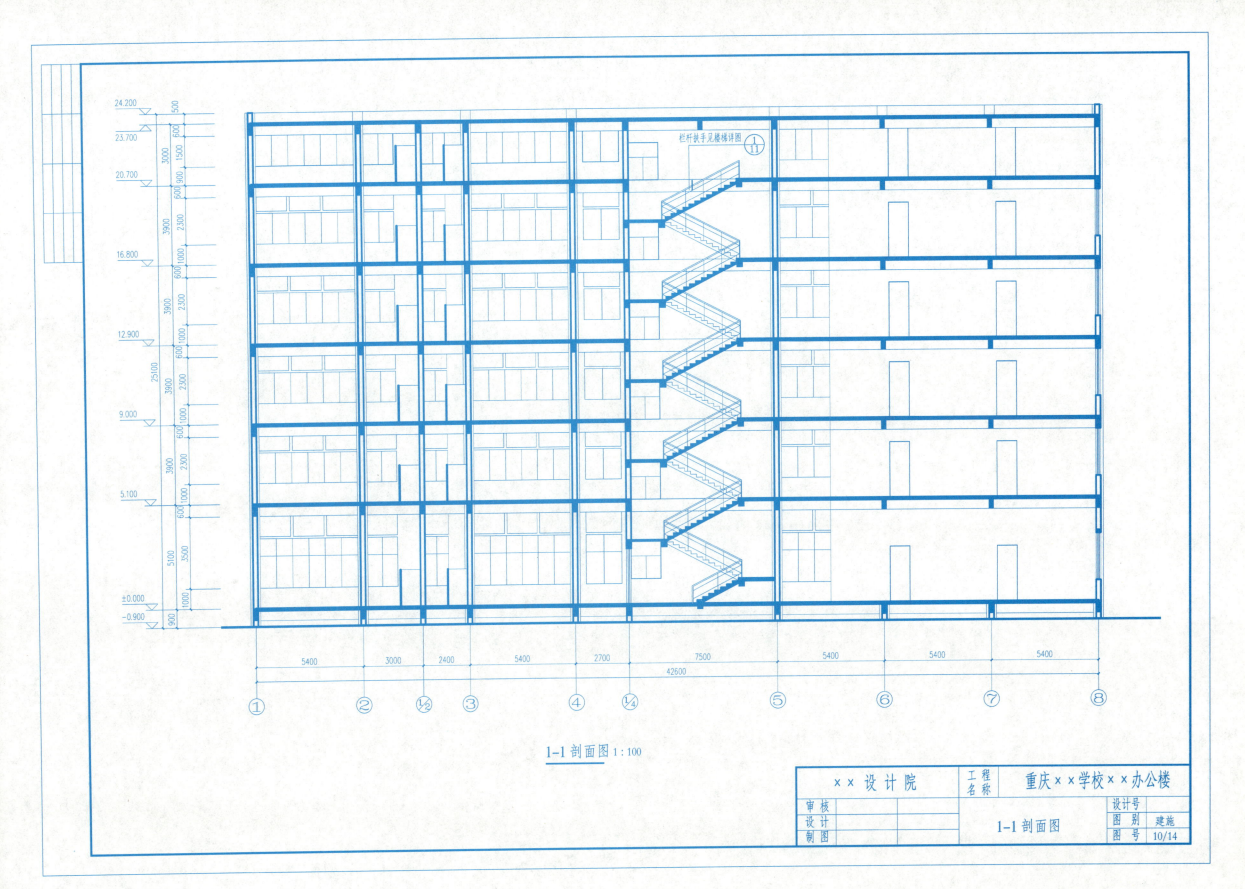

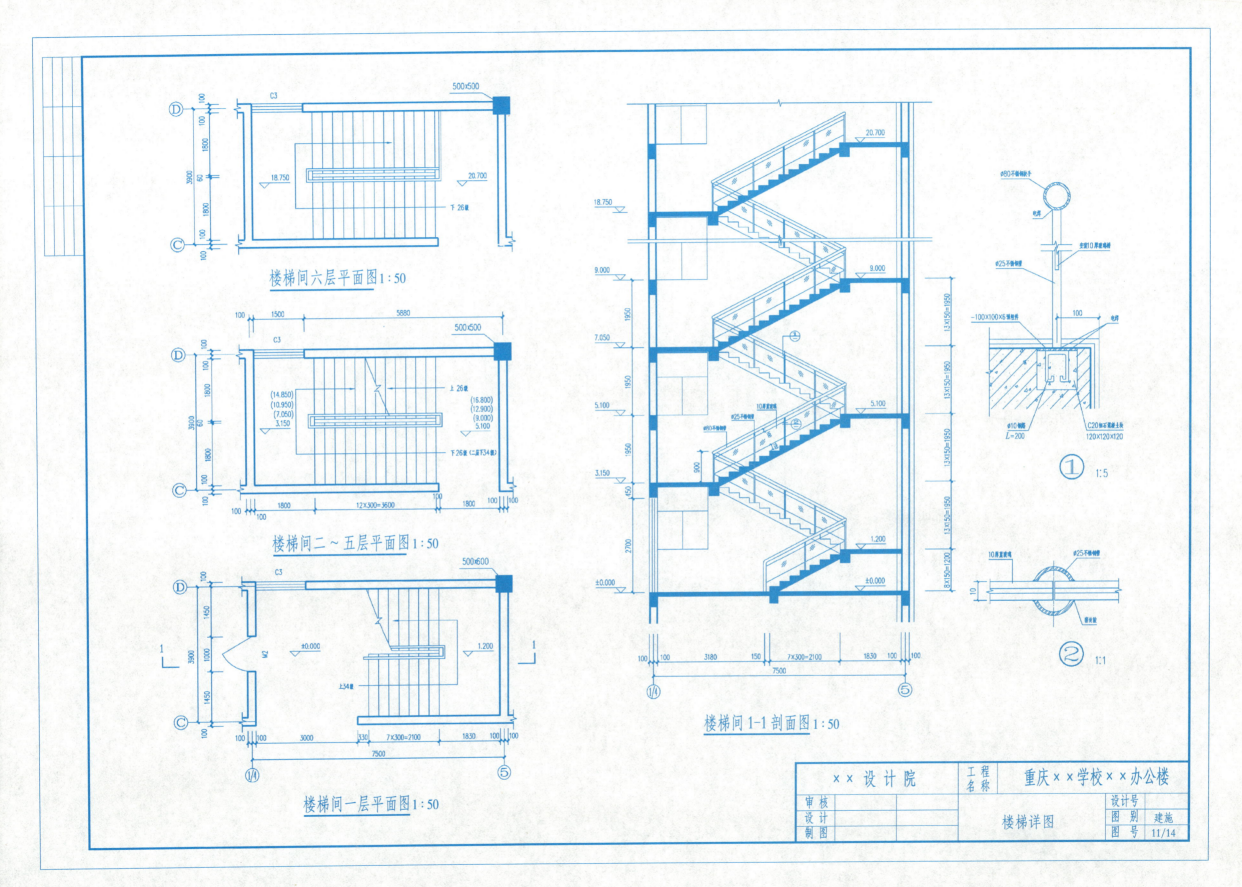

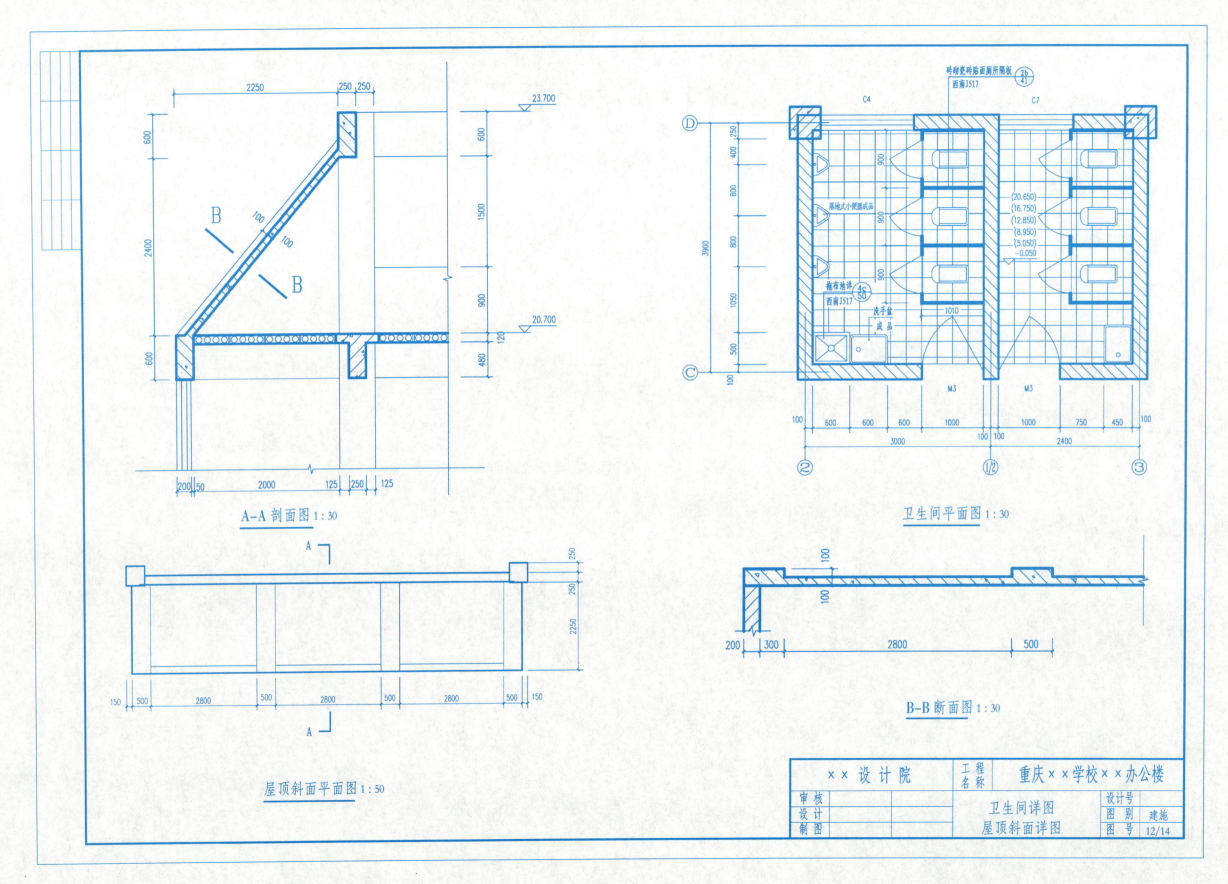

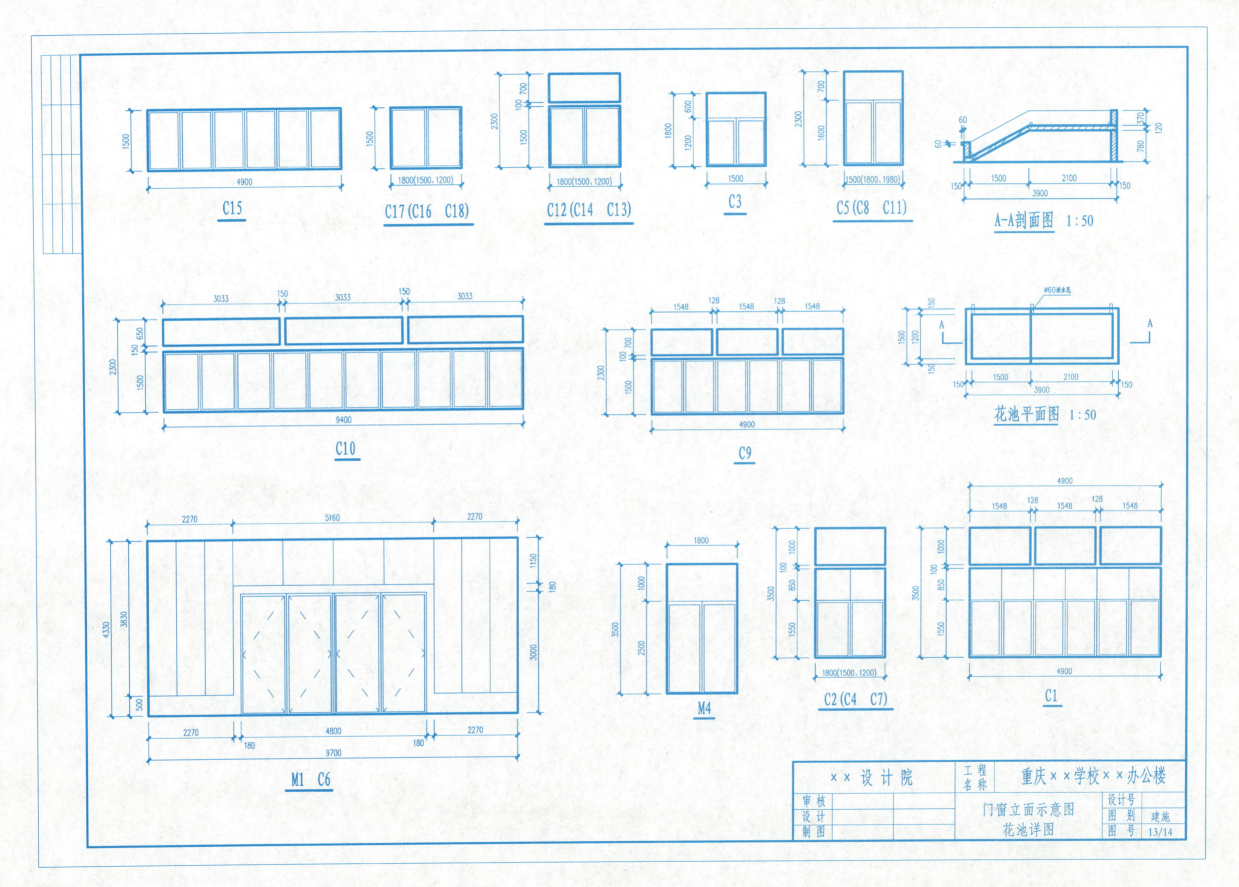

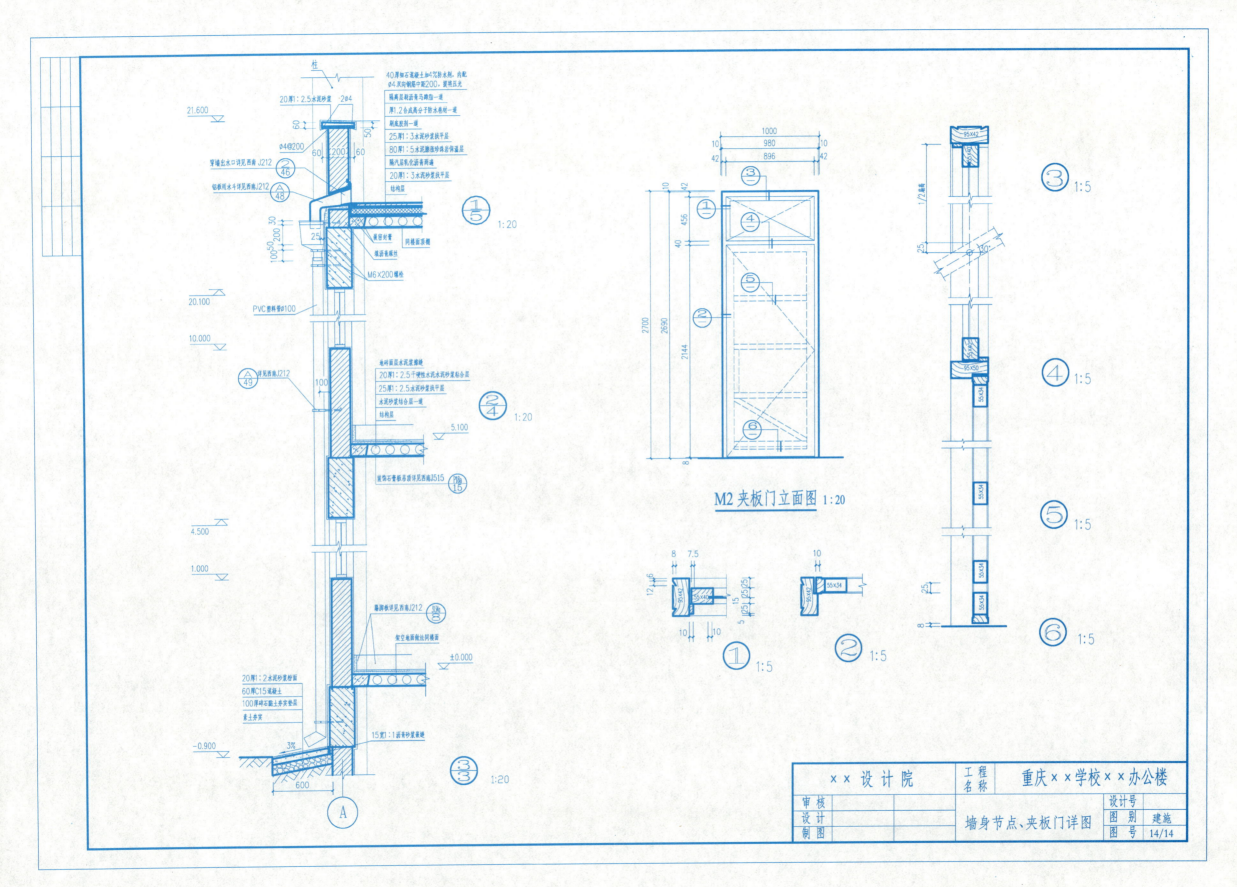

结构设计说明

一、设计概况
(1) 本工程系重庆市××学校教学楼二期工程,根据×年×月×日批准的《二期工程建筑设计方案》及现行国家相关规范进行施工图设计。
(2) 根据中国地震烈度区划图(1990)使用规定,本工程按6度抗震设防并按B类地区修正后的基本风 $W_0=0.33kN/m^2$ 进行抗风设计。
(3) 使用荷载标准值分别为:
办公用房 $2.0kN/m^2$
门厅、走廊、楼梯间、卫生间、会议室及库房 $2.5kN/m^2$
20.65m标高屋面 $1.5kN/m^2$
23.65m标高屋面 $0.7kN/m^2$

二、基础工程
(1) 本工程基础设计的依据是××地质勘察院提供的《重庆××学校办公楼地质勘察报告》。
(2) 岩石天然单轴抗压强度标准值取7.8MPa,基础嵌入中风化砂泥岩,嵌岩深度≥800mm。
(3) 钢筋保护层厚度:基础下部钢筋为35mm,基础梁主筋为35mm,柱子插筋为25mm。
(4) 基础垫层混凝土为C10,基础混凝土为C20,基础梁为C30。
(5) 基础主筋采用HRB335级钢,代号为"Φ",其他采用HPB235级钢,代号为"φ"。
(6) 相邻基础底标高之差应不大于相邻基础间的净距离。
(7) 浇筑混凝土前,必须把基础底面清理干净。

三、主体工程
(1) 本工程采用现浇钢筋混凝土框架,轻质填充墙结构体系。现浇混凝土强度按下表采用:

标高(m)	框架柱	梁、板	楼梯
5.05以下	C35	C30	C25
5.05~16.75	C30	C30	C25
16.75以上	C25	C25	C25

(2) 梁、柱混凝土等级不同时,应保证节点区域的混凝土等级与柱相同。
(3) 钢筋采用热扎钢筋,直径小于10mm为HPB235级钢筋,用"φ"表示;直径大于或等于12mm为HRB335级钢筋,用"Φ"表示。
(4) 受力钢筋的混凝土保护层厚度:梁、柱为25mm,板为15mm。
(5) 梁内钢筋的接长应采用焊接接头,同截面的接头百分率不得超过50%,并且下部钢筋不得在跨中,上部钢筋不得在支座处1/3范围内接头。
(6) 除图中注明者外,钢筋端部的锚固长度和绑扎接头的搭接长度为:混凝土为C25时取42d,混凝土为C30以上时取36d(d为钢筋直径)。
(7) 除图中注明者外,现浇板的分布钢筋均为φ6@250。

四、预制混凝土构件
(1) 预制构件采用的标准图集详见预制构件统计表。
(2) 预制构件的制作、检测、运输、安装均应符合所选标准图集的图说要求。

五、砌体工程
(1) 采用190厚混凝土小型空心砌块,砌块选用"川88J121图集"之19/I/5.0/M/S,用MS混合砂浆砌筑。
(2) 砌体与混凝土柱接接处、墙体转角和丁字墙处,沿墙高每600mm设2φ6拉结筋,钢筋伸入柱内长度不小于200mm,墙内长度不小于1000mm或至洞边。
(3) 填充墙窗台和女儿墙顶设100厚C15混凝土压顶,内配3φ6通长调直钢筋,该钢筋应与柱内预埋钢筋焊接。

六、其他
(1) 本图应配合其他工种施工图使用,做好孔洞预留或预埋,不得事后打洞,影响结构。
(2) 本工程必须符合国家现行施工及验收规范的有关规定。

预制构件统计表

构件名称	代号	数量 1~5层	数量 6层	数量 屋盖	所在图纸	备注
预应力空心板	YKB3906-5	43×5			西南G221	
	YKB3905-5	1×5				
	YKB2706-5	108×5				
	YKB3306-5	36×5				用YKB3306-5加长100
	YKB3906-6		43			
	YKB3905-6		1			
	YKB2706-6		108			
	YKB3306-6		36			用YKB3306-6加长100
平板	B2162	64×5	64	64	川91G304	
过梁	GL8101	70	19	18	川91G310	(1) B轴上柱边过梁全部现浇
	GL8151	18	4	5		(2) 过梁位置参见建施
	GL8181	1	1			
	GL8241	1				

图纸目录

序号	图纸名称	编号	备注
1	结构设计说明、图纸目录 预制构件统计表	1/9	
2	基础图	2/9	
3	柱平法施工图	3/9	
4	1~5层结构布置图	4/9	
5	-0.050~16.750 梁平法施工图	5/9	
6	-0.050~16.750 附加箍筋和吊筋平面布置图	6/9	
7	20.650 层结构布置图	7/9	
8	23.650 层结构布置及现浇楼板配筋图	8/9	
9	楼梯详图	9/9	

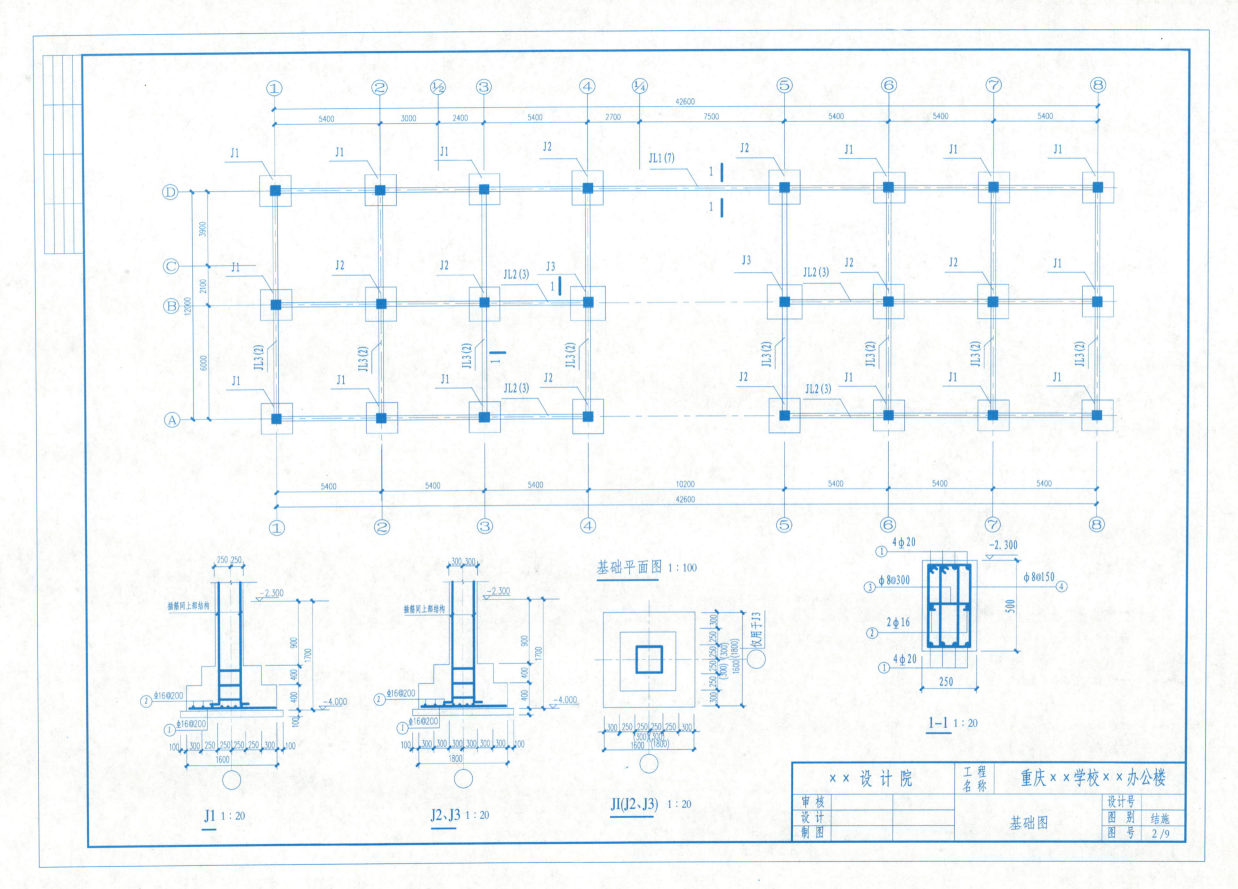

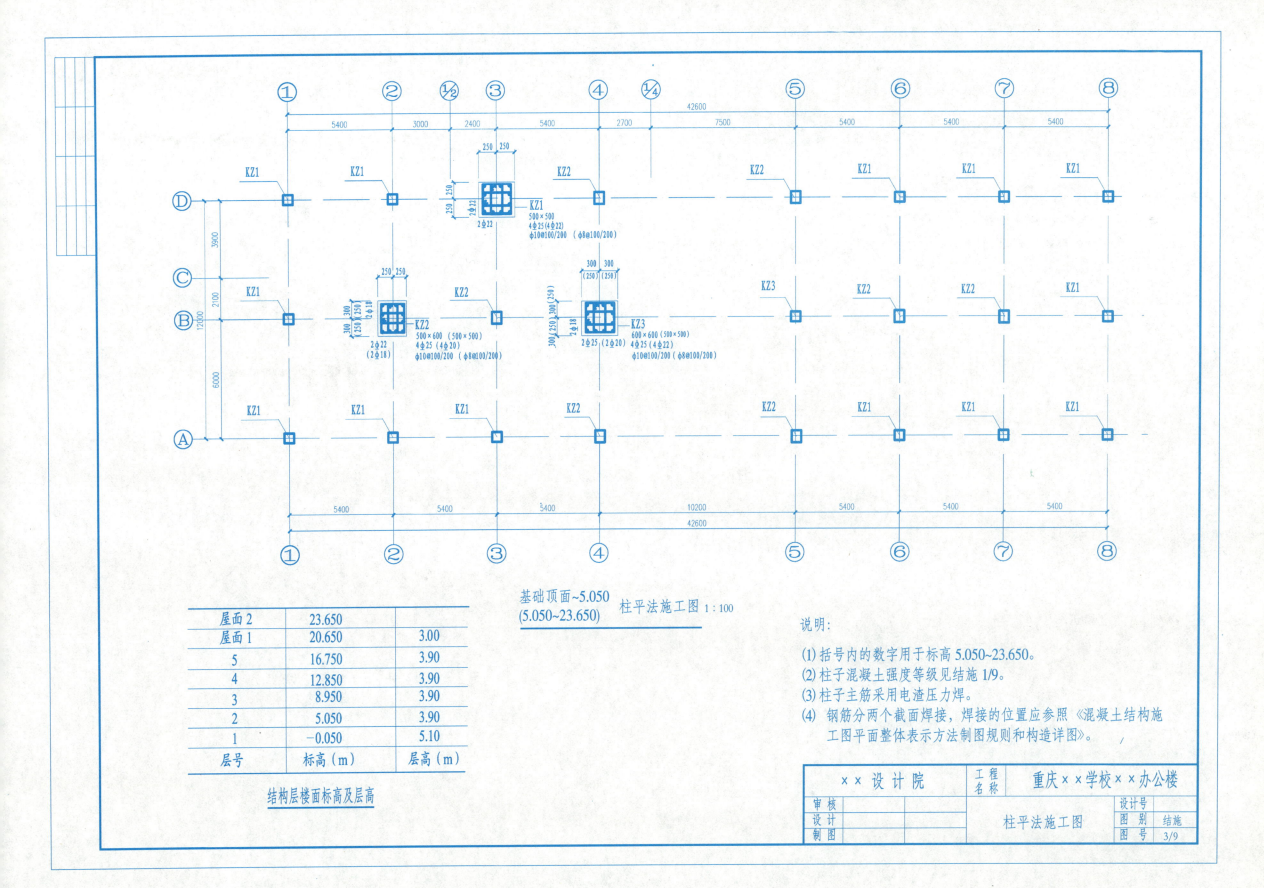

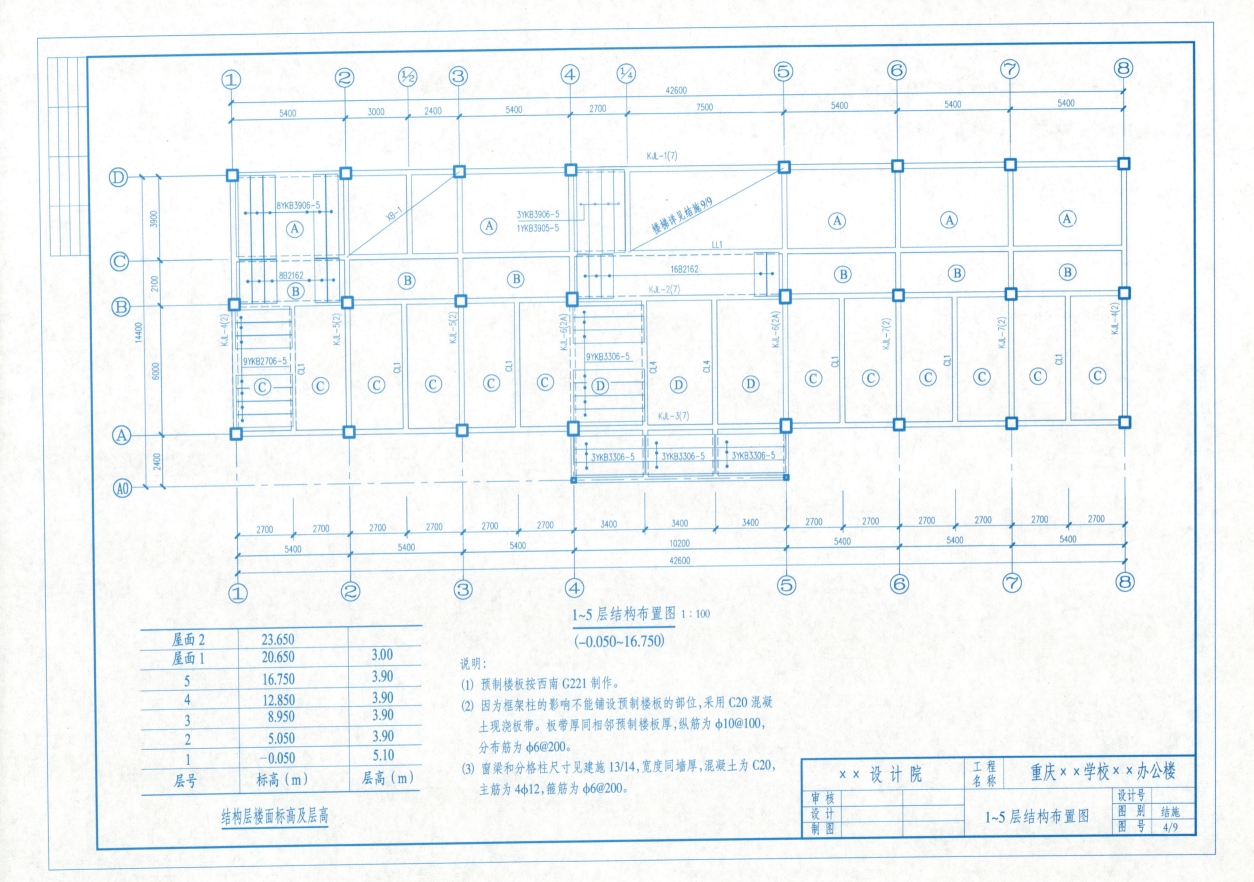

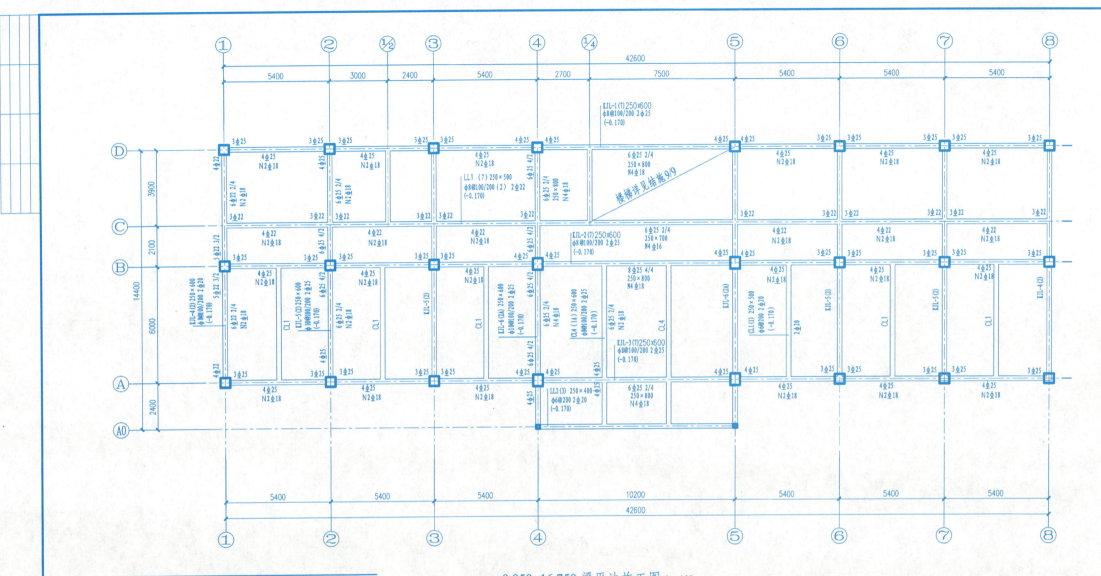

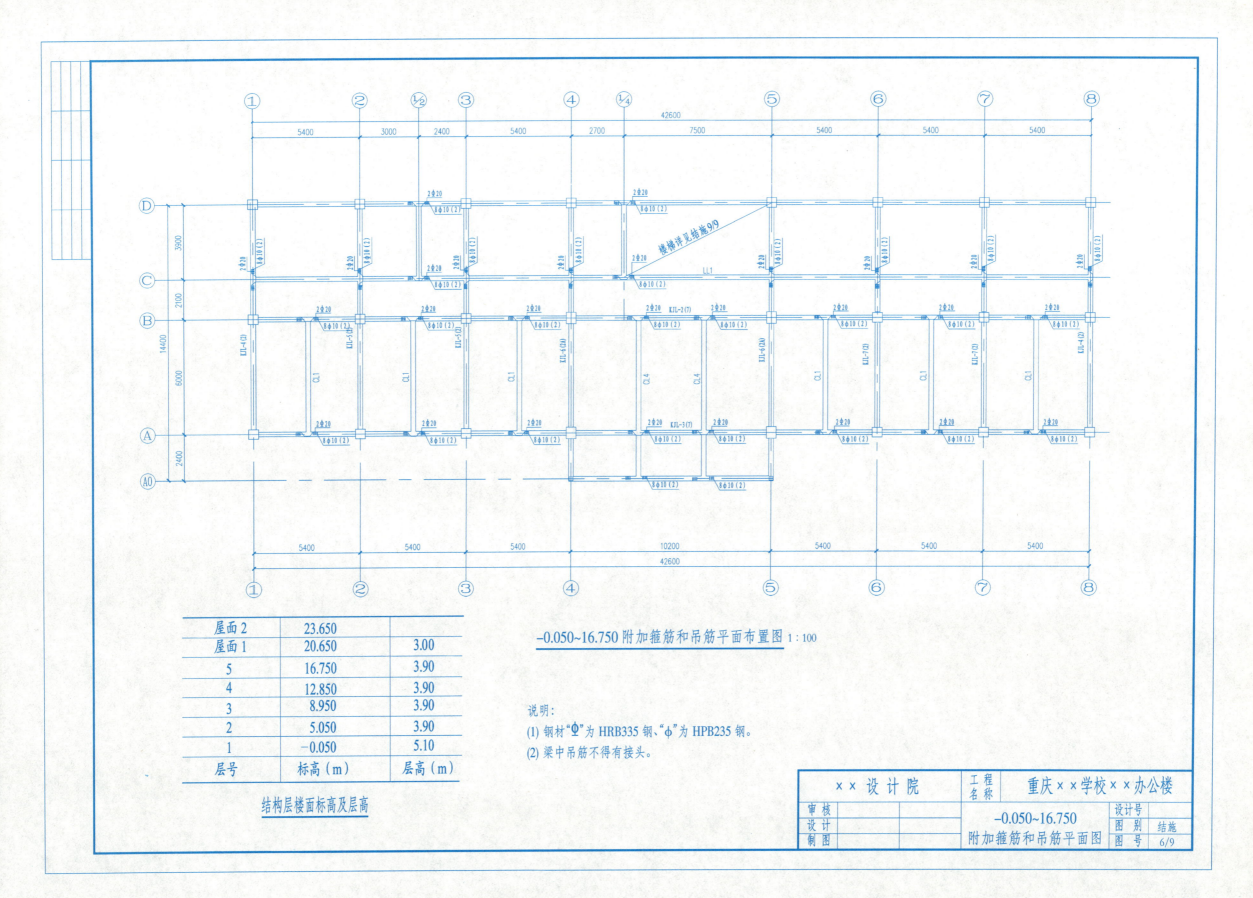

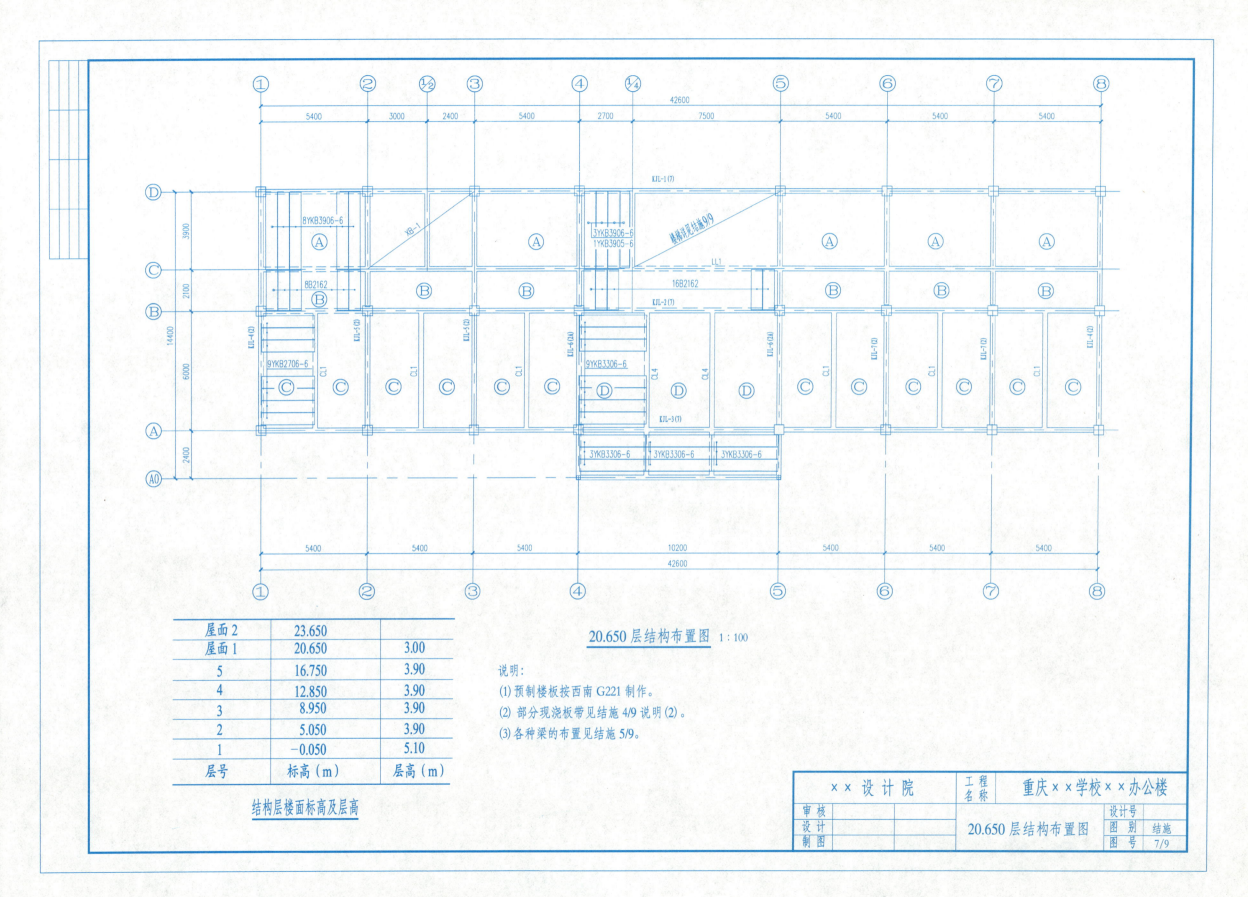

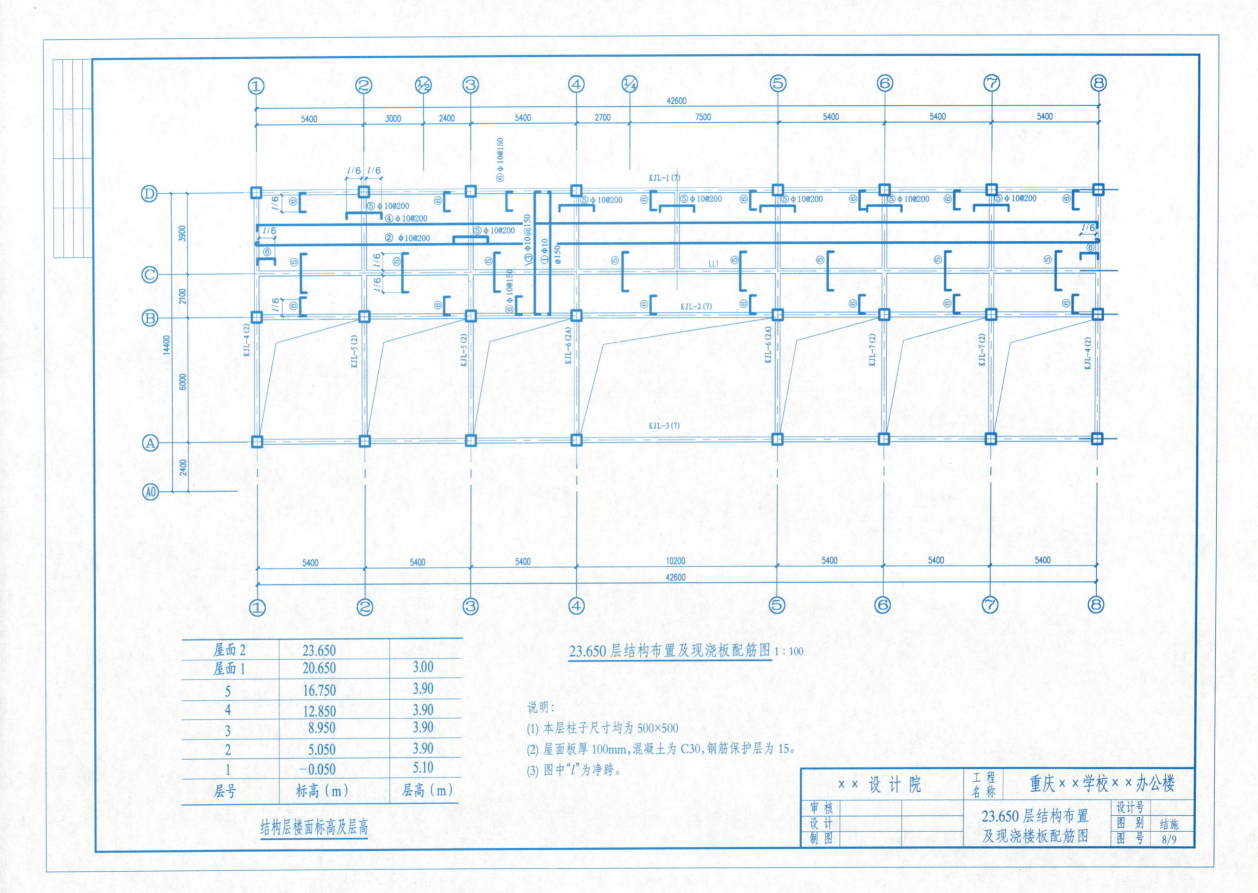

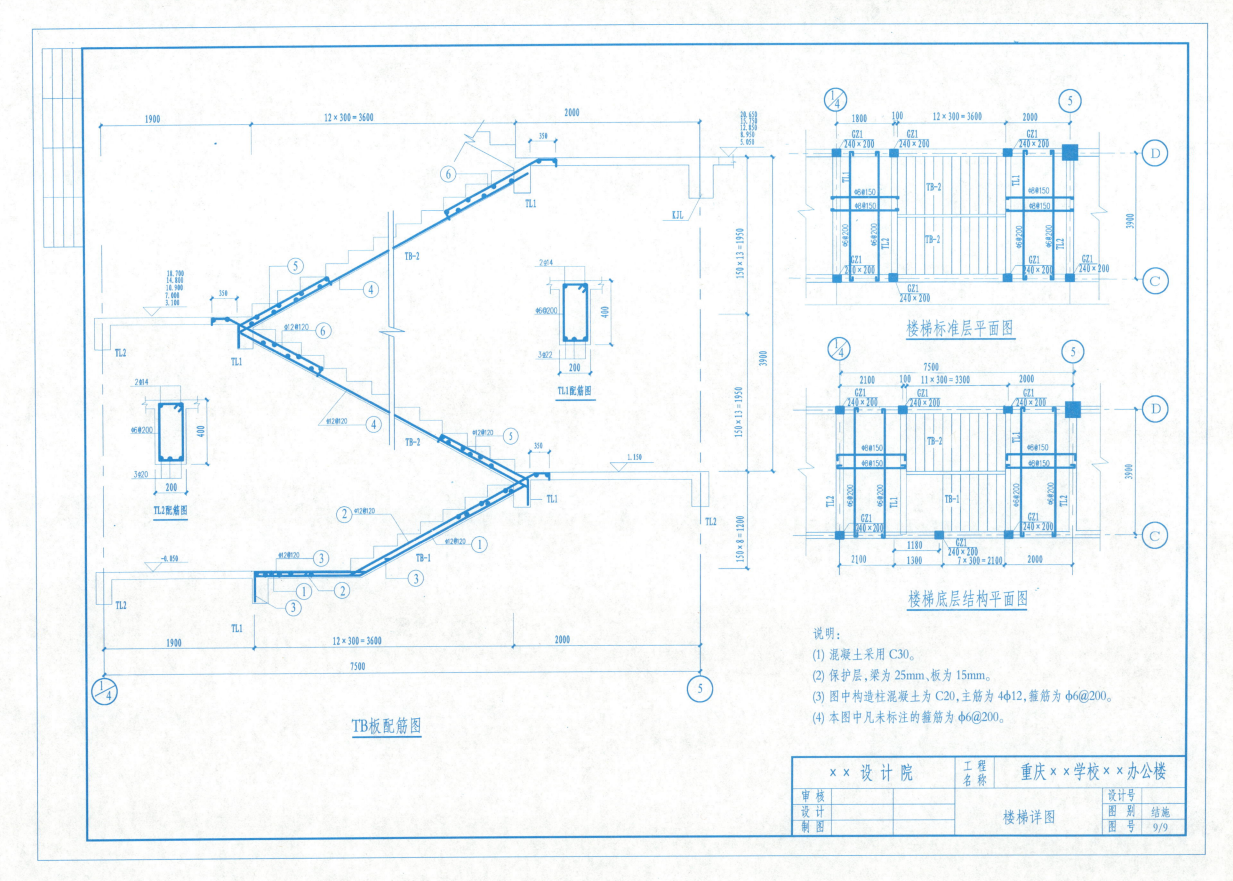